植物免疫系统详解

拟南芥非寄主抗性研究

刘晓柱 著

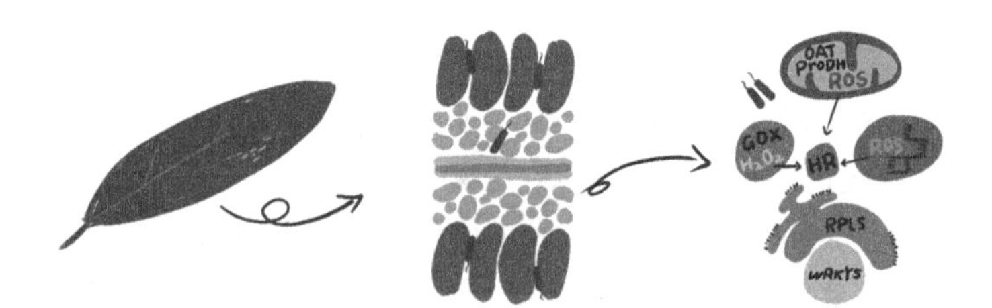

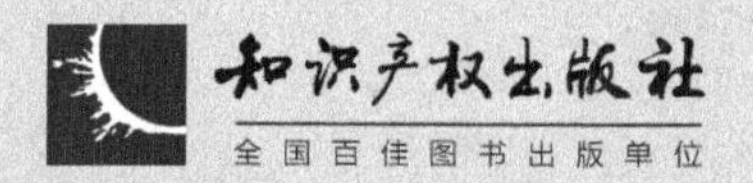

图书在版编目（CIP）数据

植物免疫系统详解：拟南芥非寄主抗性研究/刘晓柱著．—北京：知识产权出版社，2018.8

ISBN 978－7－5130－5687－8

Ⅰ.①植… Ⅱ.①刘… Ⅲ.①植物学—免疫学 Ⅳ.①S432.2

中国版本图书馆 CIP 数据核字（2018）第 161792 号

内容提要

本书主要探讨植物甘油激酶基因（*NHO*1）调控的非寄主抗性机制，聚焦植物细胞内的催化代谢途径，从分子生物学与生物化学角度阐述拟南芥 *NHO*1 调控的非寄主抗性生理与分子作用机理以及植物病害类型与机理相关内容，供植物病理学相关研究人员参考。

责任编辑：王玉茂　　**责任校对**：潘凤越

装帧设计：吴晓磊　　**责任印制**：孙婷婷

植物免疫系统详解

——拟南芥非寄主抗性研究

刘晓柱　著

出版发行：	知识产权出版社有限责任公司	**网　　址**：	http：//www. ipph. cnm
社　　址：	北京市海淀区气象路 50 号院	**邮　　编**：	100081
责编电话：	010－82000860 转 8541	**责编邮箱**：	wangyumao@ cnipr. com
发行电话：	010－82000860 转 8101/8102	**发行传真**：	010－82000893/82005070/82000270
印　　刷：	北京建宏印刷有限公司	**经　　销**：	各大网上书店、新华书店及相关专业书店
开　　本：	720mm×1000mm　1/16	**印　　张**：	11.75
版　　次：	2018 年 8 月第 1 版	**印　　次**：	2018 年 8 月第 1 次印刷
字　　数：	200 千字	**定　　价**：	50.00 元

ISBN 978-7-5130-5687-8

前　言

植物在自然界中分布广泛，是生命世界中的第一生产者，其通过光合作用为人类等其他消费者提供能量与氧。35 亿年前，当地球处于蛮荒时代，蓝藻已开始进行光合作用，吸收 CO_2，释放 O_2，改造着地球大气层的构成，使地球环境变得适合于生物体的生存与繁衍。然而，植物生存的环境中存在大量的“敌人”，如一些害虫、病原真菌、病原细菌等，这些病虫害严重危害着植物的生存，同时也影响着植物的产量，对农业生产造成极大危害。

在长期的自然选择中，植物进化出一套精密的防御体系来应对各种病虫害、病原菌等，这些免疫机制被称为植物抗性。植物抗性包括两种，一种是寄主抗性：在病原物寄主范围内的植物对某种病原物的抗性。另一种是非寄主抗性：植物对大部分病原物产生抗性，对极少数的病原物感病的现象。非寄主抗性是物种水平的抗性，它比品种水平的基因对基因抗性更广谱，更持久，因此，在农业生产上有重要的应用前景。近年来，植物抗病研究在基因对基因水平上取得了很大的进步，许多抗病基因被克隆出来，其生物学功能及抗病机理也得到了详细的研究。相反，国内外对非寄主抗性的研究相对比较少，例如只有极少数的非寄主抗性基因（*PEN*1、*PEN*2、*PEN*3/*PDR*8、*NHO*1 等）被从拟南芥克隆出来，且抗病分子机理还有待于进一步研究。

*NHO*1（*NON HOST RESISTANCE* 1）是一类非寄主抗性基因，它是以拟南芥与非寄主病原菌假单胞菌（*Pseudomonas syringae* pv. *phaseolicola*）的互作为模式系统，从拟南芥突变体中分离的一个抗非寄主细菌性病原菌的非寄主抗性基因。*NHO*1 基因编码一个甘油激酶，在 ATP 的参与下催化甘油形成 3 - 磷酸甘油（glycerol - 3 - phosphate，G3P）。目前，国内外对甘油激酶 *NHO*1 基因所催化的甘油代谢及中间代谢物在非寄主抗性中的作用研究还处于一片空白。

本书主要探讨植物甘油激酶基因（*NHO*1）调控的非寄主抗性机制，聚焦植物细胞内的催化代谢途径，从分子生物学与生物化学角度阐述拟南芥 *NHO*1 调控的非寄主抗性生理与分子作用机理。为了便于读者更好地理解本书的内容，还增加了植物病害类型与机理相关内容。本书共分十章：第一章为绪论；第二章为植物病原细菌；第三章为病原物与寄主植物的互作；第四章为植物非寄主抗性机理；第五章为气孔对植物非寄主抗性的影响；第六章为甘油代谢对非寄主抗性的影响；第七章为糖类代谢对非寄主抗性的影响；第八章为 *SWEETs* 基因调控非寄主抗性机制；第九章为植物活性分子调控非寄主抗性机制；第十章为结论与启示。

本书是著者在植物免疫学领域，特别是非寄主抗性研究方向较为浅显的探索，难免有一些不当之处，请各位同仁给予批评指正。感谢贵州理工学院各位同事对本书撰写给予的建议与修正；感谢知识产权出版社编辑的辛勤付出。

虽然作者撰写中进行了不懈的努力，由于时间紧迫，精力和水平有限，差错和欠缺在所难免，衷心希望广大读者提出宝贵的修改意见，以便今后进一步完善和提高。

刘晓柱

2018 年 1 月

目录

第一章　绪　论

长期以来，植物的病虫害问题一直是制约农业发展的重要因素。每年因病虫害造成的全球作物平均减产达10%左右，造成直接经济损失约300亿美元（Whipps和Davies，2000）。在植物病害最严重时，可能造成局部地区农作物100%的减产。因此，如何有效地防治病虫害是现代生物技术亟待解决的一项重要课题。

由于病虫害的种类繁多，防治起来存在一定的难度，因此需要根据农作物的种类、时间、季节的特点开展综合防治。包括物理防治、化学防治、生物防治等几方面的措施（Howell，2003）。

物理防治是指利用温度、辐射、声波等一些物理因素来防治病虫害，或者利用害虫的趋化性、趋光性等趋性特点提高农作物的产量或品质。因此，物理防治是一种高效的防治方法，可有效减少农药的使用量，培育绿色、有机、无公害农作物。研究表明，在农业生产中使用银灰色地膜可有效防治蚜虫病，使用铝箔覆盖地面可有效防治西葫芦病毒病，使用银黑双色膜可有效防治萝卜花叶片病（李捷和冯丽芳，2007）。

化学防治是指采用不同类型的有毒化学试剂进行防治病虫害的一类方法。化学防治具有应用方便、快速、效果好等优势，特别是在病虫害爆发成灾时期，使用起来见效较快（王杏林等，2001）。但大量使用化学农药防治病虫害时，不可避免地造成药物残留、病原物抗药性增加以及破坏环境等方面的不良影响，因此在进行化学防治时要尽量降低其负面影响。在进行化学防治时，可采取科学选择农药种类、更换农药品种、把握喷洒周期、控制农药安全间隔时间等几方面的措施，尽量降低其带来的不良影响。

生物防治是指采用对植物有益或无害的生物来防治病原菌生长与繁殖，从而降低病害的发生和发展的一类防治方法（Eljaoual，2008）。生物防治的本质是利用生物种间关系、种内关系，调节有害生物种群密度。因此，相比较于化学防治而言，生物防治具有无毒、无害、无污染、高效等优点，既符合绿色食品的生产要求，又可以为农业的可持续发展提供保障。可用于生物防治的菌种有芽孢杆菌、巴氏杆菌、假单胞杆菌等细菌；毛壳菌、拟青霉菌、木霉菌等真菌；链霉菌属放线菌以及其他微生物类群。生物防治机制主要包括：①占据植物上的病原菌侵染位点，可竞争病原菌的各种营养物质，从而达到防治病害的目的；②合成新陈代谢产物抑制病原菌的生长与代谢活动；③寄生在病原菌上，并从病原菌中获取各种营养物质，从而达到抑制病原菌生长的目的；④诱发植物对病原菌的抗性，增强植物的抗病能力；⑤调控植物微生态环境，促进其生长健壮，从而增强对病害的抵御能力；⑥对病原菌起系统拮抗作用（Massart 等，2015）。

使用化学药剂仅能在一定程度上抑制病虫害，大量使用化学药剂造成环境污染，又进一步诱导抗药性病虫害生理小种的产生，所以化学药剂防治措施治标不治本（Frank，2010；McEvoy 和 Coombs，1999；Weller，1988）。目前，最合理有效的防治病虫害的方法就是培育和种植抗病植物品种。经过植物病理学家和育种学家多年努力，已有十几种作物的抗病基因（Resistance gene）被克隆出来，从而为培育新抗病作物品种奠定了基础（Whipps 和 Lumsden，2001；Klee 等，1991）。然而，由于病原菌生理小种的高度变异特性，而抗病基因通常仅对病原菌的某个生理小种起作用。因此，转抗病基因的抗病策略并不能在农业生产上长期使用，如何提高农作物抗病的持久性已成为研究植物抗病的热点之一（Wang 等，2006；Howell，2003；Raupach 和 Kloepper，1998）。

非寄主抗性（non - host resistance）是指植物对大部分病原物产生抗性，对极少数的病原物感病的现象（Thordal - Chistensen，2003；Mysore 和 Ryu，2004；于建水，2012；廖甜甜等，2012）。非寄主抗性是物种水平上的抗性，它不是由植物单个专化性的抗性基因决定的，是植物展现出的最普遍的抗性形式，不易随着病原微生物的变异而丧失，因此它比小种水平上基因对基因（gene - for - gene）的抗性更广谱、更稳定、更持久（Jones 和 Takemoto，2004），在农业上具有重要的应用前景。这类抗性机制的研究已经成为目前植物抗病性研究的重要方向（Ellis，2006）。

*NHO*1（*NON HOST RESISTANCE* 1）是一类非寄主抗性基因，它是以拟南芥与非寄主病原菌假单胞菌（*Pseudomonas syringae* pv. *phaseolicola*）的互作为模式系统，从拟南芥突变体中分离的一个抗非寄主细菌性病原菌的非寄主抗性基因（Lu 等，2001）。*NHO*1 基因编码一个甘油激酶，在 ATP 的参与下催化甘油形成 3 - 磷酸甘油（glycerol - 3 - phosphate，G3P）（Kang 等，2003；Kachroo，2009）。G3P 是一种活性分子，参与多种生化代谢反应。G3P 在辅酶 NAD^+ 的参与下，在磷酸甘油脱氢酶作用下生成磷酸二羟丙酮（dihydroxyacetone phosphate，DHAP）（Kawamoto 等，1979）。DHAP 则参与三羧酸循环（tricarboxylic acid cycle）（Causeret 等，1994）。此外，G3P 也是甘油酯生物合成的起始反应物，而甘油酯是细胞膜结构的重要组成部分及植物激素茉莉酸（Jasmonate）生物合成的反应起始物（Kachroo 等，2004）。目前，国内外对甘油激酶 *NHO*1 基因所催化的甘油代谢及中间代谢物在非寄主抗性中的作用研究还处于一片空白。

近年来，从基因表达水平上对非寄主抗性机制的研究表明，细胞内的生物合成、分解代谢等生化代谢反应在非寄主抗性中起着重要的作用。Tratwal 等人以拟南芥为材料分别感染非寄主病原菌（*Blumeria graminis* f. sp. *hordei*，*Bgh*）及毒性病原菌（*Erysisphe cichoraceearum*），然后比较它们所引起的基因表达差异。结果发现在非寄主病原菌引起的差异表达基因中，绝大部分基因属于光合作用、转录/翻译系统、催化代谢及转运系统，2/3 的基因表达被非寄主菌所抑制，并且在这些基因中的绝大部分所编码的产物在光合作用及一般的催化代谢中起作用。这些基因中，有近一半的基因表达蛋白产物被检测存在于叶绿体中。叶绿体是脂肪酸合成和 G3P 合成甘油酯的场所。此外，拟南芥在感染非寄主病原菌 *Bgh* 后，其正常生长受到抑制，表明植物在感染病原菌后能够重新分配代谢资源（影响其正常生长）以利于抵抗病原菌的侵入。

Navarro 等人通过 DNA 微阵列实验发现，许多基因的表达被毒性假单胞菌 *Pst* DC3000（*Pseudomonas syringae* pv. *tomato* DC3000）抑制。另一方面，这些基因的表达又能被非寄主假单胞菌诱导，*NHO*1 基因就属于其中的一个基因。

很多研究表明，细胞内的催化代谢途径及其代谢产物在植物非寄主抗性中起着非常重要的作用。另外非寄主抗性又是一种广谱的植物抗性，在农业中具有重要的应用前景，因此关注细胞内催化代谢过程在植物非寄主抗性，

特别是拟南芥 *NHO*1 介导的非寄主抗性作用具有重要的意义。

模式植物拟南芥（*Arabidopsis thaliana*）属于十字花科拟南芥属草本植物，高为 7 ~40 cm，基生叶具柄，茎生叶无柄。顶生总状花序，花瓣 4 片，白色，匙形；线形长角果，花期 3 ~5 月。植株小、每代时间短、结子多、生命力强。用拟南芥作为遗传分析研究材料，可大大缩短实验时间，简化实验条件，比玉米、小麦等为植物作实验材料更能节省实验时间和经费。另外，拟南芥属于严格自花授粉植物，基因高度纯合，用理化因素处理后突变率非常高，较易获得各种代谢功能的缺陷型品种。因此，人工诱变后，可在子二代中直接筛选出变异株的纯合子。目前，已知基因组的高等植物中，拟南芥的基因组是最小的，仅为果蝇的 1/2（Koornneef，2010）。每个单倍染色体组（n =5）的总长只有 80000kb 左右，仅为小麦染色体组长的 1/80，使得克隆它的相关基因较为容易，因此其基因库的构建、筛选等过程非常简单、快速，同时，还可节省大量的人力、物力。例如，只需 16000 个大小为 20kb 外源片段的随机 λ 克隆，就有 99% 的概率分离任何 1 种核基因。

假单胞菌也属于一种模式生物，近年来，微生物基因组计划已完成了对假单胞菌株 *phaseolicola* 1448A（*Pseudomonas syringae* pv. *phaseolicola* 1448A）和 *Pst* DC3000 的基因组测序，其核酸资源及基因组注释已成为公共资源（Owen，2011）。同时，假单胞菌与拟南芥的互作成为植物病理学研究中的模式系统。

鉴于非寄主抗性在植物抗病中的重要作用，目前对非寄主抗性机理方面的机制还了解甚少，因此，本书重点以拟南芥非寄主抗性基因 *NHO*1 作为目标基因，利用分子生物学、生物化学、组织学、植物病理学、遗传学等多学科技术手段，从气孔、甘油代谢、糖类物质、糖运输载体基因 *SWEETs* 以及植物生理活性分子等几个部分重点介绍拟南芥甘油激酶基因（*NHO*1）参与调控的非寄主抗性机制。

参考文献

[1] 李捷，冯丽芳．农业害虫物理防治研究进展［J］．山西农业科学，2007，35（7）：67 –70.

[2] 廖甜甜，许克静，雷珍珍等．植物非寄主抗性机制研究进展［J］. 广东农业科学，2012，2：228－232.

[3] 王杏林，马汇泉，辛惠普．可持续性农业与植物病害化学防治［J］. 现代化农业，2001，5：1－2.

[4] 于建水，封立波．植物非寄主抗性的研究进展［J］. 园艺与种苗，2012，(1)：76－78.

[5] Ellis J. Insights into nonhost disease resistance：can they assist disease control in agriculture? [J]. The Plant Cell Online. 2006，18：523－528.

[6] Eljaoual T. Biological control of plant diseases [J]. Hortscience，2008，43 (5)：1627－1627.

[7] Frank S D. Biological control of arthropod pests using banker plant systems：Past progress and future directions [J]. Biological Control，2010，52：8－16.

[8] Howell C. Mechanisms employed by Trichoderma species in the biological control of plant diseases：the history and evolution of current concepts [J]. Plant disease，2003，87：4－10.

[9] Mcevoy P B，Coombs E M. Biological control of plant invaders：regional patterns，field experiments，and structured population models [J]. Ecological Applications，1999，9：387－401.

[10] Commercial use of fungi as plant disease biological control agents：status and prospects [M]：Wallingford CABI Publishing，

[11] Jones D A，Takemoto D. Plant innate immunity direct and indirect recognition of general and specific pathogen－associated molecules [J]. Current Opinion in Immunology，2004，16：48－62.

[12] Kachroo A，VenugopalL S C，Lapchyk L，et al. Oleic acid levels regulated by glycerolipid metabolism modulate defense gene expression in *Arabidopsis* [J]. Proceedings of the National Academy of Sciences，2004，101：5152－5157.

[13] Kang L，Li J，Zhao T，et al. Interplay of the Arabidopsis nonhost resistance gene *NHO*1 with bacterial virulence [J]. Proceedings of the National Academy of Sciences，2003，100：3519－3524.

[14] Kacheroo A，Kacheroo P. Fatty acid－derived signals in plant defense [J]. Phytopathol，2009，47：153－176.

[15] Kawamoto S，Yamada T，Tanaka A，et al. Distinct subcellular localization of NAD－linked and FAD－linked glycerol－3－phosphate dehydrogenases [J]. FEBS letters，1979，97：

253 - 256.

[16] Klee H J, Hayford M B, Kretzmer K A, et al. Control of ethylene synthesis by expression of a bacterial enzyme in transgenic tomato plants [J]. The Plant Cell Online, 1991, 3: 1187 - 1193.

[17] Koornneef M, Meinke D W. The development of *Arabidopsis* as a model plant [J]. Plant Journal, 2010, 61 (6): 909 - 921.

[18] Massart S, Martinezmedina M, Jijakli M H, et al. Biological control in the microbiome era: Challenges and opportunities [J]. Biological Control, 2015: 98 - 108.

[19] Mysore K S, Ryu C M. Nonhost resistance: how much do we know? [J]. Trends Plant Science, 2004, 9: 97 - 104.

[20] Navarro L, Zipfel C, Rowland O, et al. The transcriptional innate immune response to flg22. interplay and overlap with Avr gene - dependent defense responses and bacterial pathogenesis [J]. Plant Physiology, 2004, 135 (2): 1113 - 1128.

[21] Owen J G, Ackerley D F. Characterization of pyoverdine and achromobactin in *Pseudomonas syringae* pv. *phaseolicola* 1448a [J]. BMC Microbiology, 2011, 11 (1): 218 - 218.

[22] Raupach G S, Kloepper J W. Mixtures of plant growth - promoting rhizobacteria enhance biological control of multiple cucumber pathogens [J]. Phytopathology, 1998, 88: 1158 - 1164.

[23] Thordal - Cheristensen H. Fresh insights into processes of nonhost resistance [J]. Current Opinion Plant Biology, 2003, 6: 351 - 357.

[24] Tratwal A, Bocianowski J. *Blumeria graminis* f. sp. *hordei* virulence frequency and the powdery mildew incidence on spring barley in the Wielkopolska province [J]. Journal of Plant Protection Research, 2014, 54 (1): 28 - 35.

[25] Wang C, Meek D J, Panchal P, et al. Isolation of poly - 3 - hydroxybutyrate metabolism genes from complex microbial communities by phenotypic complementation of bacterial mutants [J]. Applied and environmental microbiology, 2006, 72: 384 - 391.

[26] Weller D M. Biological control of soilborne plant pathogens in the rhizosphere with bacteria [J]. Annual Review Phytopathology, 1988, 26: 379 - 407.

[27] Whipps J M, Davies K G. Success in biological control of plant pathogens and nematodes by microorganisms [M]. Biological control: measures of success. Springer, 2000: 231 - 269.

第二章　植物病原细菌

第一节　植物病原细菌的寄生性、致病性和侵染性

一、寄生性和致病性

植物病原细菌大部分为非专性寄生菌，寄生性不严格，因此可以人工培养。但有些细菌对营养要求非常苛刻，目前为止还未能人工培养，被称为专性寄生细菌（Crumcianflone，2008）。不同细菌、寄生性不同，如大豆细菌性疫病菌（*Pseudomonas syringae* pv. *phaseolicola*），寄生性较强，在培养基上生长状态差，在土壤中也不能存活（Oguiza，2004）；棉花细菌性角斑病菌（*Xanthomonas campestris* pv. *malvacearum*）较好地在培养基上生长，在土壤中的寄主残余部分也可存活，但寄主组织分解后也随之死亡（Delannoy，2005）。不同病原细菌的寄生专化性不同，如桑疫病假单胞菌（*Pseudomonas syringae* pv. *mori*）只能危害桑树（Gupta，1995），棉花细菌性角斑病菌只能危害棉属植物，而青枯病菌、土壤根癌农杆菌却可以危害不同科的植物，寄主范围非常广。同种的细菌对相同植物的不同品种的致病性也不同。植物病原细菌在自然寄主和人工接种的寄主上的情况也不一致，有的细菌在自然情况下不会危害某种植物，但在人工接种下，却可以产生致病性状（Rd，2015）。

事实上，细菌是否能在寄主上寄生与致病，与寄主的品种、环境条件、生育期以及菌体本身致病基因的表达等因素紧密相关，只有在有利于病原细菌且不利于寄主的条件存在时，才会发生病害。

细菌的致病性也与细菌的群体感应系统相关。群体感应（quorum sensing）指的是细菌通过信号分子来调控细菌群体本身的一种行为方式。细菌利用信号分子来感知自身或其他细菌群体密度变化，而且信号分子随着群体密度的增加而加强，当群体细胞密度达到一定的阈值时，群体特定基因的表达将被信号分子启动，改变与协调细胞之间的行为，导致表现出某种生理特性，从而实现单个细菌无法完成的某些生理功能与调节机制（Lasarre，2013）。

另外，细菌的致病性也与细菌的胞外蛋白之间紧密相关。植物病原细菌主要通过Ⅲ型分泌系统发挥作用，Ⅲ型分泌系统形成一个类似的注射器结构将效应蛋白注入靶细胞中（Wilson，2002）。

二、侵染与传播

当一定浓度与数量的细菌接触植物特定的侵染位点时，即可进行侵染。在大多数情况下，侵染的位点没有严格的要求，但是植物病原细菌只有在侵染点通过大量繁殖，形成一定量的菌体后才能进行侵染蔓延。

（一）侵染源

植物繁殖材料如种子、块茎等常作为病原细菌远距离传播的重要媒介，同时也是某个地区新进病原的主要来源（Shabuer，2015）。一些病原细菌如水稻白叶枯病菌可通过种子携带进行传播；马铃薯环腐病菌可由种薯传播。含有病原细菌的土壤与肥料是细菌传播的另一媒介，绝大多数的细菌在土壤中是不能存活的，但有些细菌如根癌农杆菌和青枯病菌可在土壤中长期存活（Pivonia，2002）。田间的野生寄主和杂草、其他作物若被病原菌感染，也可作为细菌病害的一大来源。昆虫也可以携带病原菌进行传播，一些细菌还可以在昆虫体内越冬，成为初侵染来源。此外，田间发病的植株也可以再次感染健康植物体。

（二）侵入路径

细菌的侵染不能直接从寄主表面侵入，只能从植物自然孔（如气孔）和伤口处入侵（Melotto，2006）。也有部分细菌可从无角质化的表层处侵入，如花粉囊和花柱。植物的自然孔包括气孔、水孔、皮孔、蜜腺等。造成伤口的原因很多，可分为自然因素和人为因素。

不同类型的细菌侵入途径不同，假单胞菌和黄单胞菌一般以自然孔入侵为主，寄生性很强。水稻白叶枯病菌可从水孔入侵，也可以从伤口入侵；水稻细菌性条斑病菌是以气孔入侵为主要方式；根癌农杆菌以伤口入侵为主。

（三）侵入后蔓延

当细菌侵入寄主组织后，无法直接进入寄主细胞，需要先在组织的细胞间隙或导管中进行繁殖，只有寄主细胞出现损伤或者死亡后，才能进入细胞。有些细菌在寄主组织内的蔓延范围较小，局限于小范围的薄壁组织，出现斑点症状，如瓜类的细菌性角斑病的病原菌（*Pseudomonas syringae* pv. *lachrymans*），其蔓延范围受制于叶脉的限制（Olczakwoltman，2006）。有的细菌蔓延范围比较广，例如软腐果胶杆菌，感染大白菜后则可导致整株的腐烂。有的细菌从薄壁组织或水孔处侵入植物维管束，在维管束的木质部或韧皮部处蔓延，从而导致系统感染（Mcelrone，2003）。例如青枯病菌可以在番茄的木质部中蔓延，番茄溃疡杆菌（*C. michiganensis* subsp. *michiganeese*）可以在番茄的韧皮部蔓延。

（四）传播途径

雨水是植物病原细菌的主要传播途径，下雨时，发病植株上的菌脓可通过雨滴飞溅到周围的健康植物上，导致其他植物发病（Craig，2007）。一些土壤传播的病原细菌，经雨水携带，可以传播到很远的地方。在农业生产活动中，一些农具也可传播病原细菌。一些昆虫和小动物也可以传播植物病原细菌。人类的迁徙和商业活动对病原菌的传播也影响非常大。

三、病原细菌对植物的影响

植物病原细菌通过多种方式侵染植物后，一旦与植物建立寄生关系，可使植物在生理和组织上产生病变，最终在形态上呈现出多种症状。

（一）导致坏死

细菌侵染植物组织后，可导致薄壁组织的细胞坏死，引起枯斑。初期症状表现为水渍状，甚至有的斑点周围还有褪绿晕圈，这是由细菌毒素造成的（Bashan，1982）。

（二）导致腐烂

细菌侵入植物组织后，首先在薄壁组织细胞间隙繁殖，然后分泌果胶酶，溶解细胞壁，致使细胞的通透性改变，导致细胞内物质外渗，因而产生腐烂症状（Zhang，2015）。

（三）导致萎蔫

细菌侵入植物组织后，可以在维管组织的导管内增殖，导致导管堵塞，影响其对水分的运输，导致水分运输受阻，同时还可以致使导管细胞或邻近的薄壁细胞组织受到破坏，从而使整个水分运输系统失灵，导致植物萎蔫（Santhanam，2015）。

（四）导致植物组织畸变

细菌侵染后，会引起植物组织畸变，如根癌农杆菌含有 Ti 质粒和 Ri 质粒，成功侵染植物组织细胞后，细菌的质粒 DNA 可整合到植物的染色体 DNA 上，改变植物基因表达水平，导致植物代谢反应失控，使得植物细胞增生，形成癌瘤。

（五）引发变色

细菌侵染植物组织后，会致使植物黄化现象的产生，例如柑橘黄龙病菌在韧皮部寄生，造成柑橘的叶肉和叶脉部分的黄化症状（Li，2009）。

第二节　植物病原细菌的主要类群

一、革兰氏阴性菌

相对薄而疏松的肽聚糖组成病原细菌菌体的细胞壁外层膜，染色常为革兰氏阴性。菌体按形状可分为球形、卵圆形、杆状、螺旋形、线形。通常为二分裂繁殖方式，也有芽殖方式；菌体能够游动、滑动，有的不运动。主要种类包括：假单胞菌属（*Pseudomonas*）、嗜木质菌属（*Xylophilus*）、伯克氏菌属（*Burkholderi*a）、劳尔氏菌属（*Ralstonia*）、嗜酸菌属（*Acidovorax*）、黄单胞菌属（*Xanthomonas*）、木杆菌属（*Xyllela*）、土壤杆菌属（*Agrobacterium*）、欧文氏菌属（*Erwinia*）、泛菌属（*Pantoea*）、果胶杆菌属（*Pectobacterium*）、韧皮部杆菌属（*Liberobacter*）。下面重点介绍几种菌属的生理特点。

假单胞菌属（*Pseudomonas*），菌体常为单细胞杆状、大小为（0.5~1.0）μm×（1.5~4.0）μm，以鞭毛运动，一根或者多根鞭毛，不能产生孢子，革兰氏阴性菌，菌落为圆形，隆起、灰白色，在低铁培养基上产生水溶性荧光色素，严格好气，化能异养，代谢为呼吸型，非发酵型。主要可以引起植物叶斑、腐烂、溃疡和萎蔫等症状的产生（Lalucat，2006）。

嗜木质菌属（*Xylophilus*），菌体杆状、以单根极生鞭毛运动，革兰氏阴性菌。细菌生长较慢，最高生长温度为30℃，可以产生脲酶，利用酒石酸盐，不利用葡萄糖、果糖（Futai，2013）。为严格好气菌，该属唯一的种为葡萄嗜木质菌属（*Xylophilus ampelinus*），寄生在木质部，可以引起葡萄组织坏死和溃疡。

嗜酸菌属（*Acidovorax*），菌体为杆状，大小为（0.2~0.8）μm×（1.0~5.0）μm，常以单极鞭毛运动，革兰氏阴性，在营养培养基上菌落为圆形，凸起，光滑，边缘平展或微皱，呈暗淡黄色，菌落周围有透明边缘，在30℃培养3天，菌落大小可达0.5~3.0 mm，7天达到4mm。最适生长温度为30~35℃。该属植物病原菌可造成植物组织的坏死和腐烂（Choi，2010）。

黄单胞菌属（*Xanthomonas*），菌体为杆状，大小为（0.4～0.7）μm×（0.7～1.8）μm，能够依靠单极鞭毛运动，不能产生孢子。可产生大量的细胞黏液，革兰氏阴性菌，在琼脂培养基上菌落为黄色。代谢为呼吸型。该属的不同变种和致病变种可引发许多植物产生各种类型的症状，常见症状为叶、茎部坏死斑，也可以引起腐烂和系统性萎蔫（Albuquerque，2013）。

土壤杆菌属（*Agrobacterium*），菌体为直杆状，大小为（0.6～1.0）μm×（1.5～3.0）μm，单生或成双，革兰氏阴性菌。在含碳水化合物的培养基能够产生丰富黏稠的胞外多糖。菌落通常为圆形、隆起、光滑、白色或灰白色、半透明。过氧化氢酶为阳性。个别种属含有 Ti 质粒。土壤习居菌，可引发植物的根癌病（Gelvin，2003）。

欧文氏菌属（*Erwinia*），菌体为直杆状，大小为（0.5～1.0）μm×（1.0～3.0）μm，单生为主，革兰氏阴性。是植物病原细菌中唯一一类兼性厌气菌。氧化酶阴性，过氧化氢酶阳性，最适生长温度 27～30℃（Muller，2012）。该属目前仅保留梨火疫病菌群，以梨火疫病菌为模式种，不能产生果胶酶。

韧皮部杆菌属（*Liberobacter*），为新发现的一个属，也是候选属，该属细菌寄生在植物的韧皮部，梭型或短杆状，革兰氏阴性菌（Liefting，2009）。该属包含 3 个种属，均危害柑橘，韧皮部杆菌亚洲种（*Liberobacter asiaticum*）、韧皮部杆菌非洲种（*Liberobacte africanum*）、韧皮部杆菌美洲种（*Liberobacte americanus*）。柑橘黄龙病最适温度为 27～32℃；青橘青果病最适温度为 20～24℃。

二、革兰氏阳性菌

有着典型的革兰氏阳性菌细胞壁，无外膜层，细胞壁的肽聚糖层较为致密，有些细菌细胞壁含有磷壁酸或中性多糖，部分菌种含有霉菌酸。革兰氏染色通常为阳性。菌体有球形、杆状、线形，繁殖方式为二分裂。主要种类包括：棒形杆菌属（*Clavibacter*）、短小杆菌属（*Curtobacterium*）、节杆菌属（*Arthrobacter*）、红球菌属（*Rhodococcus*）、芽孢杆菌属（*Bacillus*）、链霉菌属（*Streptomyces*）。

棒形杆菌属（*Clavibacter*），菌体形态多样化，大小为（0.4～0.75）μm×（0.8～2.5）μm，革兰氏阳性菌，不耐酸，不能形成内生孢子，不能运动，为严格好氧。引起萎蔫、花叶、蜜穗等植物病害表型（Xu，2010）。

短小杆菌属（*Curtobacterium*），菌体短小，为不规则杆状，大小为（0.4～0.6）μm×（0.6～3.0）μm，不能产生内生孢子，不耐酸，革兰氏阳性菌，菌体老化会丧失革兰氏染色阳性特征，严格好氧（Funke，2005）。唯一的植物致病菌种为萎蔫短小杆菌（*Curtobacterium flaccumfaciens*），可造成患病植物矮化、萎蔫致死等。

节杆菌属（*Arthrobacter*），菌体在培养过程中出现球状和杆状交替，大小为（0.6～1.0）μm，革兰氏阳性菌，无芽孢，偶尔运动，细胞壁肽聚糖中含有赖氨酸，严格好氧，接触酶为阳性，明胶液化，G+C在DNA中的含量为59%～70%（Funke，1996）。美国冬青节杆菌（*Arthrobacter ilicis*）为该属仅有的一个植物病原菌种。

红球菌属（*Rhodococcus*），菌体为球形，可出芽分裂成短杆状或分枝丝状，革兰氏阳性菌，无鞭毛，不运动，好氧，接触酶为阳性，菌落奶白色、黄橙色或黄色，圆形，不透明隆起，G+C在DNA中的含量为60%～69%（Giguere，2011）。豌豆带化红球菌（*Rhodococcus facians*）为该属仅有的一个植物病原菌。

芽孢杆菌属（*Bacillus*），菌体为直杆状或者近直杆状，大小为（0.5～2.5）μm×（1.2～10）μm，大多数芽孢杆菌过氧化氢酶为阳性，菌体可以产生芽孢，芽孢为圆形，卵圆形或柱形，芽孢可抵御外界不良的环境。只有少数可引起植物的病害，如巨大芽孢杆菌禾谷致病变种（*Bacillus megaterium* pv. *cerealis*）会引起小麦的白色斑点病。

链霉菌属（*Streptomyces*），该属是放线菌中唯一能引起植物病害的种属，菌体为丝状体，菌落呈放射状，菌丝直径为0.4～1.0μm，一般无隔膜，无细胞核，细胞壁由肽聚糖组成。菌丝体分为基内菌丝、气生菌丝和孢子丝，菌丝能够产生不同颜色的色素（Harrison，2014）。该属中可以引起植物病害的有疮痂链霉菌（*Streptomyces scabies*）和近似的酸疮痂链霉菌（*Streptomyces acidiscabies*），能够侵染甘薯和马铃薯的薯块，以及萝卜、胡萝卜、甜菜等作物的块根，也可以侵染马铃薯等植物的须根。

三、无细胞壁的细菌

该类细菌通常叫作支原体（mycoplasma），无法合成肽聚糖，对抑制细胞壁合成的抗生素不敏感。单位膜包围菌体，细胞形态通常多样化，大小差异较大，呈线状体。菌原体通常不会运动，但有的能够表现出滑行状态，无休眠孢子。细胞革兰氏染色为阴性。大多数需要复合培养基进行培养，菌体可渗入固体培养基表面形成“煎蛋状”菌落。菌体生长需要胆固醇和长链脂肪酸。rRNA 中（G + C）含量为 43% ~48%，DNA 中（G + C）含量为 23% ~46%。菌体基因组相对分子量为 $0.5 \times 10^9 \sim 1.0 \times 10^9$u。菌原体腐生，有的具有致病性（Larsen，2010）。该属的植物病原菌侵染植物后，大多数能够使植物黄化或矮缩，有的还可以导致植物反季节开花，果实变小。对四环素类药物敏感，主要由昆虫进行传播。

参考文献

[1] Bashan Y，Okon Y，Henis Y，et al. Detection of a necrosis – inducing factor of nonhost plant leaves produced by *Pseudomonas syringae* pv. *tomato* [J]. Botany，1982，60 (11)：2453 –2460.

[2] Choi J，Kim M，Roh S W，et al. *Acidovorax soli* sp. *nov.*，isolated from land fill soil [J]. International Journal of Systematic and Evolutionary Microbiology，2010，60 (12)：2715 –2718.

[3] Craig A T，Hall G，Russell R C，et al. Climate change and infectious diseases [J]. New South Wales Public Health Bulletin，2007，18 (12)：243 –244.

[4] Crumcianflone N F. Bacterial，fungal，parasitic，and viral myositis [J]. Clinical Microbiology Reviews，2008，21 (3)：473 –494.

[5] Delannoy E，Lyon B R，Marmey P，et al. Resistance of cotton towards *Xanthomonas campestris* pv. *malvacearum* [J]. Annual Review of Phytopathology，2005，43 (1)：63 –82.

[6] Funke G，Aravenaroman M，Frodl R，et al. First Description of *Curtobacterium* spp. Isolated from Human Clinical Specimens [J]. Journal of Clinical Microbiology，2005，43 (3)：1032 –1036.

[7] Funke G，Hutson R A，Bernard K，et al. Isolation of *Arthrobacter* spp. from clinical specimens and description of *Arthrobacter cumminsii* sp. *nov.* and *Arthrobacter woluwensis* sp. *nov.*

[J]. Journal of Clinical Microbiology, 1996, 34 (10): 2356 - 2363.

[8] Futai K. Pine Wood Nematode, Bursaphelenchus *xylophilus* [J]. Annual Review of Phytopathology, 2013, 51 (1): 61 - 83.

[9] Gelvin S B. Agrobacterium - mediated plant transformation: the biology behind the "gene - jockeying" tool [J]. Microbiology and Molecular Biology Reviews, 2003, 67 (1): 16 - 37.

[10] Giguere S, Cohen N D, Chaffin M K, et al. Diagnosis, treatment, control, and prevention of infections caused by *Rhodococcus equi* in foals [J]. Journal of Veterinary Internal Medicinc, 2011, 25 (6): 1209 - 1220.

[11] Gupta V P, Tewari S K, Datta R K, et al. Surfaoc ultrastructural studies on ingress and establishment of *Pseudomonas syringae* pv. *mori* on mulberry leaves [J]. Journal of Phytopathology, 1995, 143 (7): 415 - 418.

[12] Harrison J, Studholme D J. Recently published *Streptomyces* genome sequences [J]. Microbial Biotechnology, 2014, 7 (5): 373 - 380.

[13] Lalucat J, Bennasar A, Bosch R, et al. Biology of *Pseudomonas stutzeri* [J]. Microbiology and Molecular Biology Reviews, 2006, 70 (2): 510 - 547.

[14] Larsen B, Hwang J. *Mycoplasma*, *Ureaplasma*, and Adverse pregnancy outcomes: a fresh look [J]. Infectious Diseases in Obstetrics & Gynecology, 2010: 504 - 532.

[15] Lasarre B, Federle M J. Exploiting quorum sensing to confuse bacterial pathogens [J]. Microbiology and Molecular Biology Reviews, 2013, 77 (1): 73 - 111.

[16] Lbuquerque P, Caridade C M, Marcal A R, et al. Identification of *Xanthomonas fragariae*, *Xanthomonas axonopodis* pv. *phaseoli*, and *Xanthomonas fuscans* subsp. *fuscans* with Novel Markers and Using a Dot Blot Platform Coupled with Automatic Data Analysis [J]. Applied and Environmental Microbiology, 2011, 77 (16): 5619 - 5628.

[17] Liefting L W, Weir B S, Pennycook S R, et al. Candidatus Liberibacter solanacearum', associated with plants in the family *Solanaceae* [J]. International Journal of Systematic and Evolutionary Microbiology, 2009, 59 (9): 2274 - 2276.

[18] Li W, Levy L, Hartung J S, et al. Quantitative Distribution of ' Cand idatus Liberibacter asiaticus' in *Citrus* Plants with Citrus Huanglongbing [J]. Phytopathology, 2009, 99 (2): 139 - 144.

[19] Mcelrone A J, Sherald J L, Forseth I N, et al. Interactive effects of water stress and xylem - limited bacterial infection on the water relations of a host vine [J]. Journal of Experimental Botany, 2003, 54 (381): 419 - 430.

[20] Melotto M, Underwood W, Koczan J M, et al. Plant stomata function in innate immunity against bacterial invasion [J]. Cell, 2006, 126 (5): 969 -980.

[21] Monteiro F P, Ferreira L C, Pacheco L P, et al. Antagonism of *Bacillus subtilis* Against *Sclerotinia sclerotiorum* on *Lactuca sativa* [J]. The Journal of Agricultural Science, 2013, 5 (4): 214 -223.

[22] Muller I, Gernold M, Schneider B, et al. Expression of Lysozymes from *Erwinia amylovora* Phages and *Erwinia* Genomes and Inhibition by a Bacterial Protein [J]. Journal of Molecular Microbiology and Biotechnology, 2012, 22 (1): 59 -70.

[23] Oguiza J A, Rico A, Rivas L, et al. *Pseudomonas syringae* pv. *phaseolicola* can be separated into two genetic lineages distinguished by the possession of the phaseolotoxin biosynthetic cluster [J]. Microbiology, 2004, 150 (2): 473 -482.

[24] Olczakwoltman H, Masny A, Bartoszewski G, et al. Genetic diversity of *Pseudomonas syringae* pv. *lachrymans* strains isolated from *cucumber* leaves collected in Poland [J]. Plant Pathology, 2006, 56 (3): 373 -382.

[25] Pivonia S, Cohen R, Kigel J, et al. Effect of soil temperature on disease development in melon plants infected by *Monosporascus cannonballus* [J]. Plant Pathology, 2002, 51 (4): 472 -479.

[26] Rd S, Ambrosini A, Passaglia L M, et al. Plant growth - promoting bacteria as inoculants in agricultural soils [J]. Genetics and Molecular Biology, 2015, 38 (4): 401 -419.

[27] Santhanam R, Luu V T, Weinhold A, et al. Native root - associated bacteria rescue a plant from a sudden - wilt disease that emerged during continuous cropping [J]. Proceedings of the National Academy of Sciences of the United States of America, 2015, 112 (36): 1 -8.

[28] Shabuer G, Ishida K, Pidot S J, et al. Plant pathogenic anaerobic bacteria use aromatic polyketides to access aerobic territory [J]. Science, 2015, 350 (6261): 670 -674.

[29] Xu X, Miller S A, Baysalgurel F, et al. Bioluminescence imaging of *Clavibacter michiganensis* subsp. *michiganensis* infection of tomato seeds and plants [J]. Applied and Environmental Microbiology, 2010, 76 (12): 3978 -3988.

[30] Wilson J W, Schurr M J, Leblanc C L, et al. Mechanisms of bacterial pathogenicity [J]. Postgraduate Medical Journal, 2002, 78 (918): 216 -224.

[31] Zhang Q, He X, Yan T, et al. Differential decay of wastewater bacteria and change of microbial communities in beach sand and seawater microcosms [J]. Environmental Science & Technology, 2015, 49 (14): 8531 -8540.

第三章　病原物与寄主植物的互作

第一节　基本概念

一、病原物与寄主植物的互作

病原物与寄主植物的互作指的是以病原物接触植物为起点到植物表现感病或抗病为终点，在这个过程中二者互动、相互制约、相互影响的现象。互作会对植物病程进展产生深远影响，同时也是制约病原物是否成功侵染植物及是否产生病害的重要条件（Boyd，2013）。

在植物病理学中常用描述植物病理学的术语有：①亲和性（compatibility）是指病原物侵染植物成功和植物发病过程中的一些表型；②非亲和性（incompatibility）是指病原物侵染植物失败和植物抗病的特征；③选择性（selectivity）是指多种病原物与多种植物，或者一种病原物与多种植物，或者一种植物与多种病原物之间因互作而产生的差异现象；④专一性（specifity）是指一种病原物的种下类群与寄主植物之间发生互作而出现的一些表征。

病原物与寄主植物的互作机制包括了遗传学、生物化学、分子生物学、细胞生物学、植物学等多学科的一系列生理生化反应与相互影响（Ponzio，2016）。植物抗病基因（resistance gene，*R*）与病原物的无毒基因（avirulence gene，*avr*）两方面决定双方为不亲和互作，导致植物表现出专化抗性。病原物与寄主植物的互作最重要的特征是激发信号转导（signal transduction），包含从相互识别起始到产生特定的防御基因表达的整个过程。病原物依赖各种酶类、毒素、多糖、生物调节物质等多样化的致病因子侵染植物并导致病害（Dodds，2010），而植物则协调进化，利用天然与诱导抗病机制进行抵御，引起植物呼吸作用、光合作用、水分代谢、物质代谢等生理反应发生变化，同时还致使植物细胞行为与细胞结构发生变化，重要特征体现在植物通过一系列的细胞、亚细胞的变化而致使植物细胞和局部组织快速死亡，称为过敏反应（Hypersensitive response，HR）。HR 可引发植物系统性获得抗性（systemic acquired resistance，SAR），SAR 则是一种最常见的非专一性抗病。

二、病原物与寄主植物的识别

病原物与寄主植物的识别（pathogen - plant recognition）是指病原物接触或侵染植物早期所发生的事件，决定着双方的互作。

（一）识别类型

病原物与寄主植物的识别特指双方实现信息交流的专化性事件，互作早期包括病原物的接近、接触与侵染三阶段。互作会引发寄主植物产生一系列的病理学反应，并决定着植物最终表现为抗病或者感病。病原物只有接收到有利于其生长发育的识别信号时，病原物才能躲避寄主的防御体系，成功进入寄主植物细胞，并能从中获取营养，与寄主植物建立亲和性互作关系。若识别信号导致植物产生强烈的防卫反应，如 HR、植保素的积累等，病原物的生长发育则受到抑制，双方表现出不亲和性互作关系。因此，病原物与植物之间表现出亲和性识别则会导致植物病害的发生，非亲和性识别则会导致植物抗病的产生（Dangl，2006）。

病原物与寄主植物的识别发生处于寄主植物表面，包括病原细菌吸附在寄主植物上、真菌孢子吸附在植物表面、芽管的生长与侵入等过程。稻瘟病原菌（*Magnaporthe oryzae*）的孢子识别表面硬度和疏水性信号后，分泌黏性物质以便于其吸附，诱导附着胞的形成。病原物和寄主植物之间发生机械接触后识别，其侵入过程会导致一系列特异性反应，涉及寄主与病原物之间的许多接触后识别（Henry，2013）。

（二）识别机制

病原物与寄主植物的识别机制比较复杂，涉及多种来自双方的基因表达与蛋白互作。目前了解比较清楚的模式有以下 5 种。

1. 病原相关的分子模型（Pathogen - associated molecular pattern，PAMP）识别

PAMP 特指病原物细胞表面的那些保守性结构成分，例如细菌的鞭毛蛋白（flagellin）、脂多糖（lipopolysaccharides，LPS）、Ⅲ型分泌系统分泌的蛋白、延伸因子 Tu 等。植物通过其细胞表面的模式识别受体（pattern recognition receptor，PRR）来感知病原物的 PAMP，从而诱导植物产生抗病防卫反应。由 PAMP 激发的植物免疫反应（PAMP - triggered immunity，PTI）被称为植物基础抗性（basal disease resistance），又被称为先天免疫（innate immunity）。由 PAMP 引起的先天免疫可以激活植物的一系列的抗病反应，如包括胼胝质的积累、PR 蛋白的表达、激酶的活化以及小 RNA 的合成等，从而阻止环境中绝大多数病原物的入侵（Tang，2012）。PTI 已被证实在植物抗病免疫系统中起着非常重要作用。

2. 病原物效应因子（effector）识别

植物的 PTI 可抵挡大部分的病原物，但少数的病原物则通过进化，产生出多种相应的策略，通过分泌效应因子来抵制植物的 PTI，从而导致成功入侵植物。细菌、真菌等病原物都可以通过向植物细胞内注入一些效应分子来抑制植物的 PTI，如一些假单胞菌通过Ⅲ型分泌系统将蛋白类效应分子注入植物细胞来抑制植物的基础抗性。

病原物利用效应因子打破植物的免疫系统第一道防线后，植物则在选择压力下进化出另一套防线——效应分子触发的免疫反应（effector - triggered immunity，ETI）（Rajamuthiah，2014）。这些特异性识别效应分子的受体基因就是抗病基因（*R* 基因）。这些病原物能够引发 *R* 基因抗性反应的生物效应分子基因被称为无毒基因（*avr* 基因）。ETI 是基于 R 蛋白对 Avr 蛋白直接或间接的识别而产生的，因此又被称为基因对基因的抗性（gene - for - gene resistance）。

3. 病原生物酶诱导合成过程中的识别

诱导酶的合成则是以诱导酶为主要致病手段的病原物接触后识别的一种主要形式，对引发后续的病理学反应非常关键（Reardon，2011）。如多种病原真菌可以产生角质酶，从而有利于真菌侵入植物表皮。真菌刚开始时只能合成低水平的角质酶，这些角质酶作用于植物表面的角质层后，降解释放少量的角质单体，角质单体被病原真菌识别，可进一步地诱导病原真菌角质酶的生物合成，产生更多的角质酶，降解植物表皮的角质层，供病原真菌侵染之用。

4. 植物植保素诱导合成过程中的识别

在多种真菌—植物互作体系中，寄主植物植保素是由病原真菌扩散性的激发子（elicitor）诱导而产生的。同一体系中的激发子可以有多种，一些激发子的诱导作用为小种转化性（Zernova，2014），如大豆素（glyceollin）是大豆受到大豆疫霉菌（*phytophthora megasperma* var. *glycinea*）侵染后合成的一种植保素，可由病原菌细胞壁的糖蛋白专化性地诱导。

5. 病原真菌寄主专化性作用中的识别

病原真菌与寄主接触的初期产生寄主专化性毒素，是与植物细胞上的毒素受体位点结合后引发寄主的细胞学反应。基因调控专化性毒素的产生以及寄生植物对专化性毒素的敏感性（Paluszynski，2007）。在玉米小斑病原菌（*B. maydis*）中，小种 T 和小种 O 的毒素产生均受近等基因调控，小种 T 编码 T 毒素（HMT）的基因 *Toxl* 为单显性遗传，含 T 型雄性不育细胞质的玉米对 HMT 的敏感性是由线粒体基因调控，敏感基因编码一个 12. 967kD 的多肽；正常玉米线粒体缺少该多肽基因，但含有编码 21kD 多肽的基因。

第二节　病原物致病的物质基础

病原物侵染植物后，导致植物发病。致使植物发病的物质主要包括毒素、激素、胞外酶、胞外多糖等。

一、毒素

毒素（toxin）是指由病原物代谢所产生的，在较低浓度范围内可干扰植物的正常生理活动，从而造成毒害的非酶类、非激素类的化合物。毒素对植物的毒害表征与病原物引起的症状相同或相似。

不同毒素的化学成分与结构不同，分子量差异较大，作用机理也不同。毒素引起的毒害与其起始作用位点高度相关，其作用位点包括植物细胞的质膜蛋白、线粒体、叶绿体等，可导致质膜的损伤，通透性改变和电解质外渗等。毒素还可以抑制或钝化一些酶类，中断相应的酶促反应，从而导致植物代谢反应的异常（Rasooly，2015）。

（一）毒素的类型

根据病原物的种类可将毒素分为真菌毒素、细菌毒素、线虫毒素。根据毒素作用的植物范围可分为寄主选择性毒素（host - selective toxin）与非寄主选择性毒素（non - host - selective toxin），或者为寄主专化性毒素（host - specific toxin）和非寄主专化性毒素（non - host - specific toxin）。

1. 寄主专化性毒素

该毒素与产生该毒素的病原物有着比较接近的寄主范围，可诱导感病寄主产生典型的发病症状，在病原物的侵染时发挥着重要的作用。病原物的毒性强弱与其产生毒素能力的水平相一致，寄主植物的抗病性与其对毒素的抗性相一致。大多数的寄主专化性毒素纯化后对寄主产生毒素的最低浓度为 $10^{-9} \sim 10^{-8}$g/mL（Scheffer，1984）。

一些细菌能够合成寄主专化性毒素。例如，番茄溃疡病菌毒素作用于番茄的小叶导管；苜蓿萎蔫病毒素会阻塞植物的导管纹孔。一些植物病原真菌也可以产生寄主专化性毒素，例如，链格孢属（*Alternaria*）和危害单子叶植物的平脐蠕孢属（*Bipolaris*）病原物。

2. 非寄主专化性毒素

该类毒素无严格的寄主专化性，对寄主植物与一些非寄主植物均可产生一定的生理功能活性，导致植物产生发病症状。毒素危害的植物则超过了产生毒素真菌的寄主范围，在寄主植物上无高度专化的作用位点，植物对毒素的敏感性和抗病性的反应也可能有差异。一些非寄主专化性毒素在特定浓度下可引发寄主植物敏感性的不同，因此可区分不同植物品种的抗病性差异（Chen，2015）。

（二）毒素对植物的影响

毒素引发的症状包括：萎蔫（如镰刀菌和轮枝菌毒素引发的萎蔫病）、坏死（引发植物坏死斑的毒素有梨孢素、链格孢毒素等）、褪绿（菜豆毒素可引发植物叶片的褪绿）、水浸状病斑（如刺盘孢素和植物病原细菌多糖毒素均可引起该症状）。

毒素对植物的生理影响包括：①增加寄主植物的敏感性，抑制寄主植物的防卫免疫反应；②影响细胞膜的通透性，从而方便于释放病原物生长所必需的营养物质；③导致寄主细胞释放降解酶；④为病原微生物提供一个有利于的微生态环境；⑤促进病原物在寄主细胞内的运动；⑥抑制或促进其他微生物的二次侵染。其中，膜通透性的改变是植物对许多毒素的常见反应。

毒素的作用位点是影响毒素致病作用的关键。不同毒素对植物细胞的作用位点包括细胞膜、线粒体膜、叶绿体膜等。细胞膜是多种寄主专化性毒素的作用位点。如维多利亚毒素和 T 毒素作用于细胞膜上专化性蛋白受体。

二、胞外酶

细胞壁降解酶是病原物致病性相关的主要胞外酶，影响病原物降解寄主植物细胞壁、营养获取、消解植物抗侵染机械屏障等。另外，一些蛋白酶、淀粉酶、磷脂酶等也在致病中发挥重要作用，例如降解蛋白、淀粉和脂类物质（Collin，2003）。

（一）细胞壁降解酶种类

表皮与细胞壁是植物抵御病原物入侵的天然屏障，病原物需要通过降解酶降解植物表皮和细胞壁后，才能侵染寄主植物细胞。

1. 角质酶

病原真菌入侵植物时需要用角质酶来突破植物的第一道屏障——角质层。

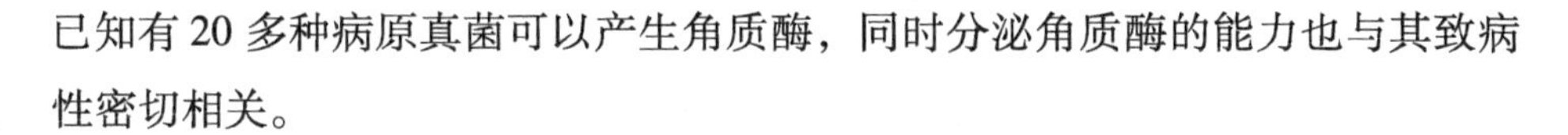

已知有20多种病原真菌可以产生角质酶，同时分泌角质酶的能力也与其致病性密切相关。

2. 细胞壁降解酶

植物细胞壁的主要成分包括果胶、纤维素、半纤维素、木质素、多糖、糖蛋白等，植物细胞壁可分为初生壁、次生壁和胞间层。针对植物细胞壁的不同成分，病原物会产生相应的不同降解酶，包括果胶酶、纤维素酶、半纤维素酶等。

（二）降解酶对致病性的作用

降解酶在病原物入侵、植物组织浸离、细胞死亡等多个过程中发挥作用。①角质酶主要负责病原物的入侵过程，植物病原真菌芽管生长过程会产生角质酶来分解植物的角质层，形成病原菌的侵染通道。②果胶降解酶负责植物组织的浸离，使植物细胞分离，产生软腐病。③细胞壁降解酶与植物细胞壁的死亡相关。植物细胞壁降解酶导致植物细胞壁的降解，形成原生质体，使细胞缺乏支持力，细胞膨压增大而破裂。

三、病原物激素

许多植物病原物可以产生与植物激素相同或相近的激素，促进或抑制植物体内激素的代谢反应。病原物产生激素的时间、条件、部位等与正常植物不同，因此扰乱了寄主植物正常的生理代谢过程，从而产生畸变（Yang，2013）。

在植物病害中发挥作用的病原物激素包括：生长素、赤霉素、细胞分裂素、乙烯、脱落酸等，这些病原物激素通过不同的病理效应发挥作用。

生长素（auxin）：主要指吲哚乙酸（indole－3－acetic acid，IAA），通过调控细胞壁的伸缩性调控细胞的增大速度，从而促进细胞的伸长。在许多病原真菌培养过程中可产生IAA，导致植物过度生长，故发病植株内常含有高浓度的IAA（Naseem，2015）。如经红花柄锈菌（*puccinia carthami*）侵染的红花下胚轴，在14d后IAA浓度是健康下胚轴的7倍。在感病植物体内IAA含量增加的原因是IAA合成增加以及病原菌抑制植物降解IAA氧化酶的活性。

在烟草青枯病叶片内发现的高水平 IAA 是因为 IAA 氧化酶活性被抑制。相反，一些病原物侵扰植物后导致植物产生类似 IAA 氧化酶的酶类可以快速降解 IAA，干扰叶片内 IAA 的供应，从而导致植物落叶。

赤霉素（gibberllin，GA）：具有促进植物节间伸长、诱导抽苔开花、打破休眠、防止脱落等多种生理功能。很多病原物如细菌、真菌、放线菌都能产生 GA 类似物。分泌 GA 类似物的病原物侵染植物后，导致 GA 类似物作用于植物，或者 GA 与 IAA、细胞分裂素等多种植物激素协同作用于植物。不论是单独作用还是协同作用，都会破坏植物体内激素的平衡，导致植物产生畸形组织或者形成肿瘤组织等异常现象。因此，植物表现出生长加快的异常组织内都可以检测出 GA 或者 GA 类似物增加。相反，植物产生矮化症状则是因为 GA 的含量降低所致（Schafer，2009）。黄瓜花叶病毒（*Cucumber mosaic virus*，CMV）感染黄瓜后，体内内源 GA 被快速破坏，其含量与活性会显著降低，致使黄瓜茎的生长被抑制，叶片的生长速率也会降低。

细胞分裂素（cytokinin）：可以促进细胞的生长、诱导芽的分化、调节种子和根系发育等多种生理功能。病原物侵染可能引起宿主细胞内细胞分裂素的代谢失调，导致植物产生肿瘤、过度生长、影响体内物质转运等。多种植物接种根癌农杆菌后，细胞内的细胞分裂素的含量都会明显增加（Choi，2011）。萝卜受到根肿瘤菌的侵染后，肿瘤组织内细胞分裂素的含量是正常组织的 10 ~ 100 倍。

乙烯（ethylene）：可促进衰老、促进果实的成熟、诱导寄主防卫反应等多种功能。目前为止，有近 60 种病原细菌和真菌在培养基内培养时可以产生乙烯。发病植物产生的偏上性、失绿、落叶等症状都与乙烯有关（Zipfel，2013）。

脱落酸（abscisic acid，ABA）：具有诱导植物休眠、抑制种子萌发、刺激气孔关闭等多种生理功能。植物的病理效应表现为矮缩和落叶。灰葡萄孢菌（*botrytis cinerea*）、镰刀菌属（*Fusarium*）、丝核菌属（*Rhizoctonia*）等多种病菌均可以产生 ABA，导致植物落叶和萎蔫。

一般情况下，病原物激素对植物的病理效应都是多方面、综合性作用。一方面病原物可以产生多种激素，共同作用于植物。另一方面外源激素和内源激素相关作用，即病原物产生的外源激素可以与植物产生的内源激素产生

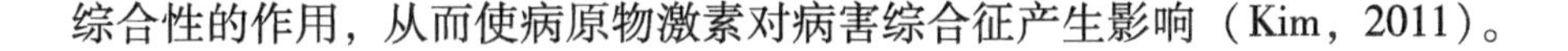

综合性的作用，从而使病原物激素对病害综合征产生影响（Kim，2011）。

四、病原物胞外多糖

胞外多糖是病原物表面的大分子类碳水化合物被释放到环境中，有利于病原物细胞抵御外界的干燥和损伤。细菌胞外多糖分为酸性、中性、含氨基3种类型。植物病原细菌的胞外多糖主要为酸性、分子量较大的异聚糖。胞外多糖的成分除了多糖外，还含有多肽，可形成糖蛋白结构。不同细菌产生的胞外多糖骨架含有不同的糖基组分，同时还可以被修饰成非糖残基。

胞外多糖可以影响病原物的菌落形态，胞外多糖量过多的细菌会表现为菌落黏稠，半流体状；而产生量少的菌落表面会干燥、粗糙等。

胞外多糖对病原物的致病性影响包括①调控植物发病，引发特殊症状，如许多假单胞菌产生的胞外多糖会导致感病植物产生水浸症，这与胞外多糖具有较强的保水能力有关；②影响病原物与寄主植物的识别；③作为致病因子，有些植物病原细菌的胞外多糖结构上较类似毒素，如梨火疫菌胞外多糖是含有半乳糖－葡萄糖醛酸－葡萄糖的多聚物（Aslam 等，2008）。

第三节　发病植物的生理特征

植物受到病原物侵染后会发生一系列的生理反应，包括呼吸作用的变化、光合作用的变化、核酸和蛋白的变化等。

一、呼吸作用的变化

一般认为，感病植物的呼吸作用会加强，这与生物合成加速、氧化磷酸化作用的解偶联、末端氧化酶系统的变化以及线粒体结构受到破坏等有关。在一些情况下，呼吸作用增强首先发生在病原物侵染部位、陆续扩展到临近组织和器官。从病情初期直到被侵染组织的坏死等，整个过程中，呼吸作用都会显著增强（Bonnighausen 等，2015）。在植物真菌病害中，植物出现明显症状时，呼吸作用增强，随着真菌子实体的形成，呼吸作用继续加强，直到子实体完全形成时，呼吸作用达到最大值，随后逐步降低。

二、光合作用的变化

病原物对寄主植物光合作用的影响是多方面的，首先，破坏植物绿色组织，导致光合作用面积减少，光合作用能力降低。因此，植物发病后叶面被破坏的程度与产量的降低成正比。其次，在植物细菌病害中，细菌毒素可以破坏或抑制叶绿素的合成，导致植物的光合作用受到抑制。植物受专性寄生菌侵染后，病变组织的光合能力逐渐降低，发病后期表现更为显著（Garavaglia 等，2010）。在一些植物的病例中发现叶绿体的裂解会导致二氧化碳的固定效率下降。感染白粉病的小麦叶片吸收二氧化碳的能力会显著减弱，光合磷酸化作用和合成 ATP 能力也会降低。

三、核酸和蛋白的变化

植物受到病原物的侵染后会影响植物基因转录，导致 mRNA 和蛋白的合成受限。在病原真菌侵染的前期，发病植株叶肉细胞内细胞核与核仁体积变大，RNA 含量增加，在侵染中后期细胞核与核仁体积变小，RNA 含量会下降（Mcdowell 和 Woffenden，2003）。根癌农杆菌侵染植物后会导致植物肿瘤组织内细胞分裂加速，DNA 含量增加，从而产生正常细胞内并不存在的冠瘿碱一类氨基衍生物。另外，植物受到病原物感染后植物防御基因被诱导，表达量会显著增加。植物受到病原物侵染后常常导致体内蛋白的异常合成，用于满足病毒外壳蛋白大量合成的需要。在病原真菌感染的早期，病株总氮量和蛋白含量会增高，侵染后期，病变组织内蛋白水解酶的活性提高，使蛋白被降解，总氮含量下降，游离氨基含量显著增加。在病原物侵染后，抗病寄主和感病寄主合成蛋白质的能力不同。

四、酚类物质及其酶的变化

植物受到病原物的感染后，其体内的酚类化合物和相关氧化酶的活性都会显著变化，导致植物抗病。酚类物质参与氧化反应、木质化形成等多种生理反应；酚前体物经生化反应后可形成木质素和植保素，参与抵御病原物的入侵和致病过程的发生发展。各种病原生物的入侵还可以导致酚类代谢相关酶的活性提高，如超氧化物歧化酶（SOD）、过氧化物酶、过氧化氢酶等，这些都是参与植物防卫反应的因子。寄主体内过氧化物酶、SOD、过氧化氢酶等都是细胞内减轻氧化损伤的保护酶系，可有效清除活性氧。过氧化物酶在植物细胞壁木质素合成中也起着重要作用。但是病原物侵染导致上述相关酶活性的增强与植物抗病能力的提高并不是在所有植物内都有显著相关性。一般认为，在酶类代谢过程中酶活性的变化根据植物与病原物的互作体系的差异而不同（Kuvalekar 等，2011）。

五、水分生理的变化

有些病原物本身或代谢物会对植物的组织和生理机能造成破坏作用，导致植物对水分的吸收、运输和蒸腾作用异常化，从而出现萎蔫、坏死等症状。有些病害能抑制气孔的开放、致使叶片水分蒸腾减少、细胞膨压和水势降低、从而造成病变组织毒素积累。许多病原物能够影响根的吸收能力，使根系吸收水分和矿物质的能力降低，阻滞导管液流上升，导致猝倒、根腐等症状发生（Hong 和 Moorman，2005）。

第四节 植物抗病的生化基础

植物抗病依赖于结构因子和抗病因子等多种抗病因子。结构因子包括植物表面角质层和植物细胞壁（厚度和组成），其目的在于阻止病原物的入侵。病原物可诱导植物产生木质素和胼胝质的积累、侵染部位局部坏死，能阻碍病原物的入侵和感染。生化因子包括抑制病原物的生长和直接杀死病原物两种。抑制病原物的生长主要包括降解病原物细胞壁的各种酶以及病原物降解酶的抑制剂。直接杀死病原物主要是指植保素和有毒酚类化合物。在诱导抗性中，生化因子被称为防卫反应效应因子，蛋白被称为病程相关蛋白。

一、病程相关蛋白

病程相关蛋白（pathogenesis - related protein，PR 蛋白）是指植物受到病

原物的入侵或其他因子的刺激，所产生的一类水溶性蛋白，目前包括 PR1 ~ PR18。PR 蛋白稳定性较高、抗蛋白酶降解、半衰期较长、进化上保守性高。PR 蛋白具有降解细胞壁大分子、降解病原物毒素、抑制病毒外壳蛋白与植物受体的结合等功能（Midorohoriuti 等，2001）。如 PR2 具有葡聚糖酶活性；PR3、PR4、PR11 具有几丁质酶活性，可降解病原物的细胞壁；PR12 具有杀菌性能。PR 蛋白在细胞中的定位与其生理功能密切相关。PR 蛋白首先在细胞内合成，然后被运输到细胞间隙和液泡内发挥作用。

二、植保素

植保素是一类非酶类小分子化合物，它是由植物受到病原物侵染后或非生物因子刺激后产生和积累的，具有抗菌作用。目前已分离和纯化到 150 多种植保素，根据化学结构可分为简单酚类、类黄酮类、异黄酮类、萜类、芪类、聚乙炔 6 种，主要是由 21 科植物产生，同一科植物的植保素结构上相对比较保守。植保素由植物受到诱导而产生，诱导的因素包括病原物生物因子和环境理化刺激等非生物类因子。植保素参与植物的抗病过程（Ahuja 等，2012）。

三、木质素

木质素（lignin）是一类生物大分子，由多个木质素前体在过氧化物酶作用下聚合而成。木质素参与植物细胞壁的生物构成过程，被称为细胞壁木质化。细胞壁木质化在抗病反应中发挥着重要作用：木质素能够使细胞壁增厚，韧度增强，从而增加了抗真菌机械入侵的能力；细胞壁木质化能够抵抗真菌酶的降解；细胞壁的木质化能够限制真菌酶类物质与真菌毒素物质扩散至寄主细胞内，同时也可以限制病原菌从寄主内吸收水分和营养物质；在木质素合成过程中产生的低分子酚类前体物和自由基，能够降低真菌各种膜、酶、毒素的生物活性；木质素可抑制真菌的生长。真菌菌丝可吸收木质素，由于真菌细胞壁含有几丁质、纤维素和多糖，因而作为木质素沉淀的底物，使菌丝顶端木质化，从而抑制真菌的生长（Lozovaya 等，2006）。

第五节 植物抗病的分子机制

植物抗病能力与病原物的致病性密切相关，抗病机制因病原物的不同而异。植物抗病防卫反应涉及较为复杂的信号转导机制。植物抗病防卫信号转导可由病原物的侵染，其他生物或者非生物因子的刺激而产生，导致对不同类病原物产生抗性。

一、植物专化抗性信号转导

由于植物抗病基因（*R* 基因）与病原物的无毒基因（*avr* 基因）的直接识别或者间接识别，可引起植物被侵染部位产生防卫反应与过敏反应，致使小种专化性抗病的产生，最终诱导植物系统获得抗性（Wan 等，2002；Hunt 等，1996）。不同植物的抗病基因编码的抗病蛋白具有不同的保守序列，包括抗病R 蛋白富含亮氨酸重复单元（leucing - rich repeat，LRR）、核苷酸结合域（nucleotide bingding site，NBS）、丝/苏氨酸激酶域（serine/threonine protein kinase，PK）等。

抗病蛋白的保守性序列在专化性抗病信号转导中发挥至关重要的作用。首先，LRR 结构域被外源信号识别，决定抗病特异性。LRR 结构域在蛋白与蛋白之间的互作中发挥作用。因而定位于细胞外的 eLRR 在信号识别发生时发挥作用。其次，外源信号通过 NBS 功能域内的蛋白磷酸化作用而被转导。NBS 结构域的主要作用是产生蛋白的磷酸化作用，ATP 或者 GTP 的结合可活化蛋白激酶或者 G 蛋白，经过 cAMP 的介导，在不同生物体内发挥重要作用。在植物抗病反应中，NBS 结构域在防卫反应、过敏反应等多种信号通路的启动中发挥重要作用（Yang 等，1997）。

二、细胞程序性死亡与植物过敏反应

细胞程序性死亡可控制细胞增殖、调节器官发育和形态建成、清除受损细胞等。细胞程序性死亡是由原初凋亡信号经过效应分子的作用而产生的。

凋亡信号可通过受体直接转导，但也受调节因子的调控，需要分子接头在调节因子和效应因子之间搭桥，使得凋亡信号最后传递到效应分子。动物细胞凋亡中发挥凋亡功能的是依赖半胱氨酸的天冬氨酸蛋白酶。线粒体在多种凋亡过程中也起着重要作用，可以整合放大凋亡信号并将信号传递到细胞内部以及细胞核（Mittler 等，1996；Coll 等，2011）。

植物过敏反应（HR）是由于植物对不亲和病原物侵染而表现出的高度敏感的一种现象。HR 会导致被感染细胞和临近的细胞迅速坏死，因而病原物受到抑制、最后死亡或被封锁在坏死的组织内。HR 是程序性细胞死亡的一种表现形式。在植物中已经发现类似 Caspase 的蛋白，在过敏性反应中起作用，同时还发现了线粒体也是植物过敏性死亡的信号转导中心。因此，过敏性反应可以作为植物发生抗病防卫反应的重要标志，对多种病原物，如细菌、真菌、病毒等都可以发挥作用（Morel 和 Dangl，1997）。

三、植物抗病防卫反应信号通路

植物抗病防卫基本信号通路是指由植物激素水杨酸、乙烯、茉莉酸介导的抗病性，它们在不同的植物中可被不同的外源信号所触发，从而抵抗不同的病原物。植物激素介导的植物抗病防卫反应的基本特性体现在保守性、多源性和非专化性三个方面（Ryan，2000）。

上述 3 种激素转导过程都不相同。①水杨酸信号转导主要环节：水杨酸通过抑制过氧化酶的活性，使得过氧化氢或其他类型的活性氧积累，导致活性氧的爆发。水杨酸信号转导的下游信号分子所包含的锚蛋白重复序列与某些蛋白激酶，能够激活防卫反应基因表达，因而植物产生抗性。②乙烯信号转导的主要环节：植物受到外源信号刺激后，合成并积累乙烯，乙烯与受体结合可引发一些信号转导因子，例如膜蛋白 EIN2、负向调节因子 CTR、ERF 等。乙烯信号转导调控植物的生长发育、抗病、抗逆等多个生理过程，与其他植物激素有交叉重叠部分。③茉莉酸信号转导主要环节：茉莉酸可被受体 JAR1 识别，然后调控 COI1 的功能，COI1 可以激活泛素连接酶 SCF^{COI1} 介导的 26S 蛋白酶体对转录因子 SOC1 的水解，从而调控效应基因的表达。因此，茉莉酸信号转导影响植物生长、衰老、植物抗病等多种生理活动。

上述3种激素的防御基本机制具有不同特点：①外源信号不同。水杨酸信号转导诱发因子包括：不亲和互作、专性寄生病原物的感染、生物因子与非生物因子的刺激等；诱发乙烯/茉莉酸信号转导的因子包括：创伤、环境胁迫、昆虫摄食、根系入侵的病原物等。②内源信号不同。3种激素本身可以诱发植物的防卫反应，且充当内源信号。③信号转导调控因子不同。④激活的效应基因不同。水杨酸、乙烯、茉莉酸所诱导的*PR*基因表达谱系有差异。在拟南芥中，乙烯和茉莉酸可诱导抗菌蛋白*Thi*2.1和*PDF* 1.2与*PR*－3、*PR*－4的表达，水杨酸无法诱导*Thi*2.1和*PDF* 1.2的表达，却能够诱发*PR*－1、*PR*－2以及*PR*－5的表达。⑤抵御病原物类型不同。水杨酸介导的SAR主要针对专性寄生病原物，茉莉酸/乙烯介导的抗病主要抵抗从根系入侵的病原物和某些引起叶斑症状的兼性寄生性病原物。

四、交互保护与基因沉默

交互保护（cross protection）：用病毒弱毒性株系接种寄生植物后能够诱发对再次接种的相同病毒毒性强的株系的抗性，从而导致植株发病症状减轻，病毒的复制也因此受到抑制（Pennazio等，2001）。同一病原物的不同株系或小种交互接种能诱发植物抗病，不同种类的病原物也能诱发植物抗病。第一次接种称为诱导接种，第二次接种称为挑战接种。植物的交互保护是一种主动的抗病性，包含了SAR作用与基因沉默作用。

基因沉默指基因不发生表达的现象，是植物受到病原物侵染时，病原物基因受到抑制的重要原因。交互保护中的基因沉默主要是指转录后基因沉默，即基因转录后通过对靶RNA基因特异性降解导致基因不表达。其主要是由于RNA聚合酶合成的dsRNA，然后被Dicer剪切成21～25 nt的siRNA，siRNA可以与RNase一起形成RISC，含有siRNA的RISC能够识别细胞内特异的靶基因的同源位点，降解靶基因的mRNA。基因沉默实际上是生物体内普遍存在的一种自我保护机制，在外源DNA入侵，病毒侵染和DNA转座中发挥重要作用（Katiyaragarwal等，2006）。

五、活性氧与一氧化氮

活性氧与一氧化氮在植物受到病原物入侵时发挥重要作用，二者共同起作用，刺激过敏性细胞死亡。

植物接种病原物时，最早的反应是细胞内离子的流出与活性氧的产生。活性氧产生的速度非常快，短时间内即可积累很高的浓度，所以又被称为活性氧的爆发（Gill 和 Tuteja，2010）。对于大豆悬浮培养细胞，酵母细胞壁激发子可以快速诱发其产生活性氧的爆发，但细胞凋亡的产生需要施加一氧化氮才能诱发。一氧化氮清除剂或过氧化氢酶可抑制这种诱发作用，因此，一氧化氮与活性氧对过敏反应都有重要作用（Arasimowiczjelonek 和 Floryszakwieczorek，2014）。

参考文献

[1] Ahuja I, Kissen R, Bones A M, et al. Phytoalexins in defense against pathogens [J]. Trends in Plant Science, 2012, 17 (2): 73 -90.

[2] Arasimowiczjelonek M, Floryszakwieczorek J. Nitric oxide: an effective weapon of the plant or the pathogen? [J]. Molecular Plant Pathology, 2014, 15 (4): 406 -416.

[3] Aslam S N, Newman M, Erbs G, et al. Bacterial polysaccharides suppress induced innate immunity by calcium chelation [J]. Current Biology, 2008, 18 (14): 1078 -1083.

[4] Bonnighausen J, Gebhard D, Kroger C, et al. Disruption of the GABA shunt affects mitochondrial respiration and virulence in the cereal pathogen *Fusarium graminearum* [J]. Molecular Microbiology, 2015, 98 (6): 1115 -1132.

[5] Boyd L A, Ridout C J, Osullivan D M, et al. Plant - pathogen interactions: disease resistance in modern agriculture [J]. Trends in Genetics, 2013, 29 (4): 233 -240.

[6] Chen S, Kim C, Lee J M, et al. Blocking the QB - binding site of photosystem II by tenuazonic acid, a non - host - specific toxin of Alternaria alternata, activates singlet oxygen - mediated and executer - ependent signalling in *Arabidopsis* [J]. Plant Cell and Environment, 2015, 38 (6): 1069 -1080

[7] Choi J, Choi D, Lee S, et al. Cytokinins and plant immunity: old foes or new friends? [J]. Trends in Plant Science, 2011, 16 (7): 388 -394.

[8] Coll N S, Epple P, Dangl J L, et al. Programmed cell death in the plant immune system [J]. Cell Death & Differentiation, 2011, 18 (8): 1247 -1256.

[9] Collin M, Olsen A. Extracellular enzymes with immunomodulating activities: variations on a theme in *Streptococcus pyogenes* [J]. Infection and Immunity, 2003, 71 (6): 2983 -2992.

[10] Dangl J L, Mcdowell J M. Two modes of pathogen recognition by plants [J]. Proceedings of the National Academy of Sciences of the United States of America, 2006, 103 (23): 8575 – 8576.

[11] Dodds P N, Rathjen J P. Plant immunity: towards an integrated view of plant – pathogen interactions [J]. Nature Reviews Genetics, 2010, 11 (8): 539 – 548.

[12] Garavaglia B S, Thomas L, Gottig N, et al. Shedding light on the role of photosynthesis in pathogen colonization and host defense [J]. Communicative & Integrative Biology, 2010, 3 (4): 382 – 384.

[13] Gill S S, Tuteja N. Reactive oxygen species and antioxidant machinery in abiotic stress tolerance in crop plants [J]. Plant Physiology and Biochemistry, 2010, 48 (12): 909 – 930.

[14] Henry E, Yadeta K A, Coaker G, et al. Recognition of bacterial plant pathogens: local, systemic and transgenerational immunity [J]. New Phytologist, 2013, 199 (4): 908 – 915.

[15] Hong C X, Moorman G W. Plant pathogens in irrigation water: challenges and opportunities [J]. Critical Reviews in Plant Sciences, 2005, 24 (3): 189 – 208.

[16] Hunt M D, Ryals J. Systemic acquired resistance signal transduction [J]. Critical Reviews in Plant Sciences, 1996, 15 (5): 583 – 606.

[17] Katiyaragarwal S, Morgan R, Dahlbeck D, et al. A pathogen – inducible endogenous siRNA in plant immunity [J]. Proceedings of the National Academy of Sciences of the United States of America, 2006, 103 (47): 18002 – 18007.

[18] Kim T, Hauser F, Ha T, et al. Chemical genetics reveals negative regulation of abscisic acid signaling by a plant immune response pathway [J]. Current Biology, 2011, 21 (11): 990 – 997.

[19] Kuvalekar A, Redkar A, Gandhe K, et al. Peroxidase and polyphenol oxidase activities in compatible host – pathogen interaction in *Jasminum officinale* and *Uromyces hobsoni*: Insights into susceptibility of host [J]. New Zealand Journal of Botany, 2011, 49 (3): 351 – 359.

[20] Lozovaya V V, Lygin A V, Zernova O V, et al. Lignin Degradation by *Fusarium solani* f. sp. *glycines* [J]. Plant Disease, 2006, 90 (1): 77 – 82.

[21] Mcdowell J M, Woffenden B J. Plant disease resistance genes: recent insights and potential applications [J]. Trends in Biotechnology, 2003, 21 (4): 178 – 183.

[22] Midorohoriuti T, Brooks E G, Goldblum R M, et al. Pathogenesis – related proteins of plants as allergens [J]. Annals of Allergy Asthma & Immunology, 2001, 87 (4): 261 – 271.

[23] Mittler R, Lam E. Sacrifice in the face of foes: Pathogen – induced programmed cell death in plants [J]. Trends in Microbiology, 1996, 4 (1): 10 – 15.

[24] Morel J B, Dangl J L. The hypersensitive response and the induction of cell death in plants [J]. Cell Death & Differentiation, 1997, 4 (8): 671 – 683.

[25] Naseem M, Srivastava M, Tehseen M, et al. Auxin crosstalk to plant immune networks: a plant – pathogen interaction perspective [J]. Current Protein & Peptide Science, 2015, 16 (5): 389 - 394.

[26] Paluszynski J P, Klassen R, Meinhardt F, et al. Pichia acaciae killer system: Genetic analysis of toxin immunity [J]. Applied and Environmental Microbiology, 2007, 73 (13): 4373 – 4378.

[27] Pennazio S, Roggero P, Conti M, et al. A history of plant virology. Cross protection [J]. New Microbiologica, 2001, 24 (1): 99 – 114.

[28] Ponzio C, Weldegergis B T, Dicke M, et al. Compatible and incompatible pathogen - plant interactions differentially affect plant volatile emissions and the attraction of parasitoid wasps [J]. Functional Ecology, 2016, 30 (11): 1779 – 1789.

[29] Rajamuthiah R, Mylonakis E. Effector triggered immunity [J]. Virulence, 2014, 5 (7): 697 – 702.

[30] Rasooly R, Hernlem B J, He X, et al. Plant compounds enhance the assay sensitivity for detection of active *bacillus cereus* toxin [J]. Toxins, 2015, 7 (3): 835 – 845.

[31] Reardon C, Lechmann M, Brustle A, et al. Thymic stromal lymphopoetin – induced expression of the endogenous inhibitory enzyme SLPI mediates recovery from colonic inflammation [J]. Immunity, 2011, 35 (2): 223 – 235.

[32] Ryan C A. The systemin signaling pathway: differential activation of plant defensive genes [J]. Biochimica et Biophysica Acta, 2000, 1477: 112 – 121.

[33] Schafer P, Pfiffi S, Voll L M, et al. Manipulation of plant innate immunity and gibberellin as factor of compatibility in the mutualistic association of barley roots with *Piriformospora indica* [J]. Plant Journal, 2009, 59 (3): 461 – 474.

[34] Scheffer R P, Livingston R S. Host – Selective Toxins and Their role in plant diseases [J]. Science, 1984, 223 (4631): 17 – 21.

[35] Tang D, Kang R, Coyne C B, et al. PAMPs and DAMPs: signal 0s that spur autophagy and immunity [J]. Immunological Reviews, 2012, 249 (1): 158 – 175.

[36] Wan J, Dunning M F, Bent A F, et al. Probing plant – pathogen interactions and downstream defense signaling using DNA microarrays [J]. Functional & Integrative Genomics,

2002, 2 (6): 259 -273.

[37] Yang Y, Shah J, Klessig D F, et al. Signal perception and transduction in plant defense responses [J]. Genes & Development, 1997, 11 (13): 1621 -1639.

[38] Yang D, Yang Y, He Z, et al. Roles of plant hormones and their interplay in rice immunity [J]. Molecular Plant, 2013, 6 (3): 675 -685.

[39] Zernova O V, Lygin A V, Pawlowski M L, et al. Regulation of plant immunity through modulation of phytoalexin synthesis [J]. Molecules, 2014, 19 (6): 7480 -7496.

[40] Zipfel C. Combined roles of ethylene and endogenous peptides in regulating plant immunity and growth [J]. Proceedings of the National Academy of Sciences of the United States of America, 2013, 110 (15): 5748 -5749.

第四章　植物非寄主抗性机理

植物自身生存的环境中存在大量的“敌人”，如一些害虫、病原真菌、细菌等（Jones 和 Dangl，2006）。在长期的自然选择中，植物进化出一套防御机制来应对病原物，这些免疫机制被称为植物抗性（Spoel 和 Dong，2012）。植物抗性包括两种，一种是寄主抗性（host resistance），是指在病原物寄主范围内的植物对某种病原物的抗性。寄主抗性产生的机理是：植物 *R* 基因编码的受体蛋白识别病原菌无毒基因（avirulence genes，*avr*）编码的激发子，从而引发植物体内一系列的抗病反应（Gururani 等，2012）。另一种是非寄主抗性，是指植物对大部分病原物产生抗性，对极少数的病原物感病的现象（Kang 等，2003）。因此，抗性在植物中是普遍存在的，感病仅是例外。

通常情况下，非寄主抗性主要发生在识别的早期以及随后的 HR 和/或 SAR，也可以是非寄主抗性在非病原物（nonpathogen）或非亲和病原物（incompatible pathogen）是否可以成功入侵寄主植物的关键时期进行表达。已被克隆的 *R* 基因的表达产物的结构大多数具有膜蛋白性质，在识别、信号传递过程中发挥着 Avr 受体的作用。*avr* 产物具有两种功能（Dangl 和 Mcdowell，2006），一方面参与小种与专化性的负调控作用，一旦 *avr* 突变或失去功能后，可以导致病原物的寄主范围扩大化；另一方面，能够特异性的识别所对应的 *R* 基因。识别 *R* 基因后经过信号转导，从而调节防卫基因的表达，使得在非亲和寄主植物上产生 HR。*R* 基因与 *avr* 都具有不同的共有保守序列（common consensus sequences）（Lindgren，1986）。*hp* 基因家族的主要功能是编码产物用来构成Ⅲ型分泌系统（Teye 等，2003）。Harpin 可诱发非寄主植物产生 HR 或者 SAR。另外，*hp* 可调控 *avr* 的转录，例如丁香假单胞菌的 *avr* 均有可能受 *hp* 基因协同调控。因此，植物病理学家们期望把非寄主抗性基因转至能受病原物侵染的寄主植物中，通过 HR 和/或 SAR 作用，诱发植物不受种、专化型、小种专化性的植物抗病性能。另外，科学家们也正试图探索植物与非亲和性病原物之间互作机制，找出病原物致病的生物学规律，通过改造病原物致病基因，使之成为寄主上的非亲和性病原物并发挥激发子（elicitor）的作用，从而诱导植物产生 HR 和/或 SAR。

虽然近年来，较多的学者投入到非寄主抗性方面的研究之中，也取得了一些进展（Senthilkumar 和 Mysore，2013）。但由于非寄主抗性遗传机制较为复杂，多基因参与又与寄主抗性之间存在某些联系。到目前为止，非寄主抗性方面的研究进展还是比较缓慢。因此非寄主抗性机理的揭示是科研工作者必须解决的一项重要课题。

第一节　非寄主抗性类型

一、非寄主抗性类型

根据是否产生过敏反应（hypersensitive reaction，HR），非寄主抗性可以分成 Type Ⅰ和 TypeⅡ两种类型（Mysore 和 Ryu，2004）。

Type Ⅰ是一种最普通的非寄主抗性，它不产生 HR，在植物上也没有明显的症状产生。当病原菌接触到植物表面后，试图从植物中汲取营养以达到增殖的目的，植物的第一道预存的防御体系，如细胞壁、抗菌物质和其他的次级代谢物发挥作用抵御病原菌的入侵（Lindgren 等，1986）。另外，植物通过某些方式识别病原菌的激发子从而激活诱导性防卫反应。许多激发子被称为病原相关的分子模型（Pathogen - associated molecular patterns，PAMPs）。假单胞菌的鞭毛蛋白（flagellin）flg22 是一种 N 端保守的多肽类激发子，可被拟南芥受体类型的蛋白激酶 FLS2 识别，从而引发有丝分裂原激活的蛋白激酶（Mitogen activated protein kinase，MAPK）参与的级联反应，导致植物抗病性的产生（Li 等，2005）。

Type Ⅱ非寄主抗性是一种引起植物局部快速坏死的抗性类型。当病原菌通过某种方式（如产生毒酶）克服了植物的预存防御体系和诱导性防御反应后，导致植物启动防御监控系统，产生 HR（Peart 等，2002）。HR 可导致植物局部坏死，并将病原菌控制在一个较小的局部区域，避免了大范围的病原菌感染，从而达到防御的目的（Singh，1992）。经过长期的协同进化，植物细胞质与细胞膜上产生了多种受体，它们能够识别某种病原菌激发子并产生 HR。这种来自病原菌且能被植物识别并激活植物抗病反应的特异激发子被称为无毒蛋白。当这种无毒蛋白不被植物识别时，病原菌的致病能力将大大增强（Shan 等，2000）。

非寄主抗性的类型取决于病原菌和植物的类型。同一种病原菌在不同的植物中可以产生非寄主抗性（Oh 等，2006）。如 *P. syringae* pv. *phaseolicola* 在非寄主烟草上产生 HR 的 Type Ⅱ非寄主抗性，但在拟南芥中产生 Type Ⅰ非寄主抗性。同样同一种植物对于不同的病原菌也表现出不同的非寄主抗性类型。如本氏烟草对野油菜黄单胞菌（*Xanthomonas campestrispv*）表现为 Type Ⅰ非寄主抗性，而对番茄假单胞杆菌（*P. syringae* pv.）却表现为 Type Ⅱ非寄主抗性（Alfano 和 Collmer，1996）。

二、非寄主抗性研究内容

（一）非寄主抗性遗传材料

非寄主抗性遗传研究最大的障碍是非寄主植物与其感病材料之间的杂交不易产生。通常情况下物种之间的杂交比较困难，常发生杂交不育、异常分离等一些现象。但利用一些特殊材料对于植物非寄主抗性遗传的研究非常有意义。

首先，种间可进行杂交的材料被利用起来。一些学者利用一个寄主植物栽培甘蓝（*L. sativa*）与一个非寄主植物野生甘蓝（*L. saligna*）进行杂交，用来研究野生甘蓝对栽培甘蓝霜霉病的非寄主抗性机制（Jeuken 等，2001）。物种间能够杂交的材料，对非寄主抗性的遗传研究和利用提供了很大的方便。但是自然界中物种之间能够直接进行杂交的例子相对较少。

其次，可通过诱变剂的处理，来筛选感病突变体。在分子生物学研究中突变体的诱导和利用发挥着非常重要的作用，一些重要抗病基因的定位、克隆和功能研究都是通过研究突变体材料而实现的。很多的研究就是通过筛选突变体从而找到了植物感病材料，并通过对感病材料的分子机制分析，揭示了植物病理的一些规律。

再者，植物对异源病原菌抗性程度不同的材料可作为研究出发材料。异源病原菌在侵染非寄主植物的时候，非寄主植物对于病原菌的侵染所作出的抗性反应不同，可通过巧妙地利用这些不同的抗性反应进行鉴定非寄主抗性基因，而且这也可以作为研究非寄主抗性的重要途径。在研究拟南芥对异源病原菌的抗性时，Shafiei 等人采用 2 个反应不同的抗病亲本，构建了重组近交群体，鉴定出来 3 个与非寄主抗性相关的数量性状抗病基因（Shafiei 等，2007）。

最后，可利用近似非寄主植物材料。亲缘关系较近的物种病原菌在进化过程中形成不同的致病性和不同的专化型，偶尔一个物种的病原菌侵染另一个物种个别品种的现象也能够出现，这提供了良好的材料用来进行非寄主抗病机理的研究。如小麦和大麦的条锈菌，分别属于不同的专化型，二者之间彼此不能进行有性杂交，但小麦条锈菌偶尔也能够侵染个别的大麦品种，致使个别大麦品种感病。因此，这种情况的产生，为通过大麦品种之间的杂交研究大麦抗小麦条锈病提供了非常好的研究材料（Pahalawatta 和 Chen，2005）。

（二）非寄主抗性的数量性状遗传

非寄主抗性具有持久性、广谱抗性，是一种非小种特异抗性，同时也具有寄主植物抗性数量性状的特点，所以被认为是一类成分复杂的由多基因控制的抗性。Tosa 通过对小麦的研究，鉴定出了 4 个非寄主抗性基因，它们对冰草白粉病具有较好的抗性（Tosa 和 Shishiyama，1984）。在小麦 Lemhi × Chinese 166 F_2 群体中也鉴定出 2 个抗大麦条锈病的主效非寄主抗性 QTLs 以及 2 个微效非寄主抗性 QTLs。通过采用特异的 SSR 标记和 AFLP 标记技术，2 个主效非寄主抗性 QTLs 分别被定位在小麦 1D 和 2B 染色体上，并判定 2 个主效 QTLs 可能为小种特异抗病基因，微效 QTLs 可能用来提供非小种特异抗性（Faris 等，2013）。Jeuken 等通过对野生莴苣与栽培莴苣之间进行杂交，构建了一套回交重组自交系和一套 F_2 分离群体，通过对这两个群体的研究，检测野生莴苣对栽培莴苣霜霉病的非寄主抗性机制，发现 7 个 QTLs 控制的非寄主抗性位点，2 个 QTLs 为显性位点，4 个 QTLs 为隐性位点，1 个 QTL 未确定（Jeuken 等，2008）。Jafary 等人采用 3 个大麦群体来探讨大麦对小麦锈病的非寄主抗性机理，3 套各不相同但又少部分重叠的 QTLs 被从 3 个群体中鉴定出来，这些 QTLs 对小麦条锈病具有非寄主抗性，通过分析这些 QTLs，发现多种不同的基因对锈病都具有非寄主抗性，且这些 QTLs 位点与大麦抗寄主锈病的位点有着非常大的相关性（Jafary 等，2008）。这些研究结果充分说明了数量性状控制的多基因抗性是植物非寄主抗性的一种重要遗传机制。

（三）非寄主抗性的质量性状遗传研究

在对锈病专化型非寄主抗性研究时发现，植物非寄主抗性常常是由主效小种特异性抗病基因所控制的。番茄细菌性叶斑病病原菌主要可以侵染马铃薯与番茄，对于菜豆、黄豆等非寄主植物而言，不能引起它们的病害，但可以诱发它们产生 HR（Hao 等，2013）。克隆了番茄细菌性叶斑病病原菌引致 HR 的无毒基因，研究发现这些无毒基因能够诱导多种非寄主植物产生抗性（Chien 等，2013）。菜豆 F_2 分离群体遗传分析表明，该物种的无毒基因能够诱导菜豆相应抗病基因的表达，且菜豆抗病基因为显性单基因，这些研究结果证实了菜豆非寄主抗病性是受到一个主效单基因控制，同时也符合基因对基因假说。利用杂交组合材料（Steptoe × Russe Ⅱ），探讨大麦对小麦条锈病的非寄主抗性机理，通过分析不同世代（F_1、BC1、F_2 和 F_3）的抗病性特性，获得了两个抗小麦条锈病的主效基因 *RpstS1*（显性基因）和 *rpstS2*（隐性基因）。他们还采用 RGAP 技术，并结合染色体特异性 SSR 分子标记，*RpstS1* 基因被定位在大麦 4H 染色体的长臂上。此外，他们还利用小麦杂交组合材料（Lemhi × PI478214）中的 F_1、F_2、F_3 与 BC1 群体，鉴定到一个抗大麦条锈病的基因 *RpsLem*，该基因属于显性单基因，定位于 1B 染色体上。*RpsLem* 基因与抗小麦条锈病基因 *Yr21* 紧密联锁，属于一个小种特异性质的主效非寄主抗病基因。采用大麦 BC1 群体，Sui 等人定位到一个大麦抗小麦条锈病基因 *Yrp-stY1*，该基因定位在 7H 染色体长臂上，属于显性单基因（Sui 等，2010）。拟南芥（*Arabidopsis thaliana*）中所克隆到的一个非寄主抗病基因 *Rac4*，对甘蓝的白锈病（*Albugo candida*）具有较高的抗性，该基因具有 NBS - LRR 保守结构域（Nakashima 等，2008）。综上研究发现，质量性状控制的抗病遗传属于植物非寄主抗病遗传的一个重要方面。

研究已充分表明，植物非寄主抗性与植物寄主抗性在遗传机制方面具有很多相同点，它们都是受到数量性状（微效多基因控制）与质量性状（主效基因控制）抗病基因调控。但植物非寄主抗性相比较于寄主抗性而言，其抗性更持久、更广谱的机理还未知，还需要做深入的研究。

第二节　非寄主抗性路径

经协同进化，只有相当少的微生物在特定的植物上建立了致病生态位（pathlogical niche）。植物进化了自身的防御体系来抵御外源病原菌的入侵，这些防御体系既有一些物理体系，也有化学体系；既有预存体系，也有诱导产生体系。总的来说，病原菌只有克服植物的 6 道防线，才能入侵成功，引起植物疾病的产生。这 6 道防线中前 5 种属于植物的非寄主抗性范畴，仅有第 6 道防线属于植物寄主抗性（Thordal - Chistensen，2003），因此，非寄主抗性在植物中是普遍存在的。

一、分化（differentiation）信息防御

病原菌需要从寄主中得到一些信号（signal）来诱导细胞的分化和表达致病性相关的基因。特别是锈霉真菌最为明显，其菌丝的分化需要植物表面的形态结构来诱导。Tsuba 等人研究大麦的锈粉病原菌 *Bgh* 时发现，该病原菌的附着胞的发育需要植物细胞表面的蜡质结构来诱导，因此植物表面的蜡质结构决定了该植物是该病原菌的寄主或者非寄主（Tsuba 等，2002）。

二、预存防御体系（pre - formbarriers）

预存防御体系经常被认为植物的第一道防线，该体系包括物理和化学两方面的防线，例如植物的细胞壁、细胞骨架结构等属于植物的物理防御，而植物体内的抑菌酶和一些次级代谢物则属于化学方面的防御机制。毫无疑问，

这些屏障对于抵御大部分的寄主菌和非寄主菌是非常有效的，但是这种水平的防御体系也取决于植物和病原菌的共进化程度。目前对于该水平的抗性报道还不是很多。小麦根际病原菌（*Gaeumannomyces graminis* var. *tritici*）由于缺乏相关的酶分解燕麦根内的皂苷（avenacin）A-1，因而不能引起燕麦产生疾病。燕麦的一个突变株由于不能正常表达皂苷A-1基因，导致对*Gaeumannomyces graminis* var. *tritici*感病。那么燕麦显然就是利用预存防御体系来抵抗大麦病原菌（Mishina 和 Zeier，2007）。

三、激发子（elicitor）诱导的防御体系

植物利用一些防御体系抵御寄主菌和非寄主菌的侵袭。在病原菌的侵袭时释放一些基本的激发子，正是这些激发子激活了植物的防御体系。这些防御体系不是针对某种单一病原菌而言，而是可以识别所有类型的病原菌。该防御体系主要包括监督细菌相关分子模型（MAMP）分子，如细菌鞭毛蛋白或肽聚糖（He 等，2006）。MAMP 能够触发有丝分裂原激活的蛋白激酶（MAPKs）的活性和几种激素信号传导途径，从而启动一个级联反应和各种防御反应，包括愈伤葡聚糖的沉积、细胞程序性死亡、抗菌活性氧物质的产生和积累、植物抗菌素的诱导和其他次级代谢产物（Iriti 和 Faoro，2009）。植物的跨膜模型识别因子（Transmembrane Pattern Recognition Receptors，PRRS）可以识别病原相关的分子模型（PAMPs），导致 PAMPs 触发免疫反应，包括细胞壁增厚、细胞壁木质化、皂素的产生、植保素的产生、乳突的形成、*PR* 基因的诱导，从而阻止病原菌的进一步入侵和繁殖（Zhang 等，2010）。

四、营养防御（nutrient resistence）

病原菌侵入植物组织后，利用一套精密的装置从植物细胞中获取自身生存需要的营养物质（Kiss 等，2001）。例如锈粉病原真菌和白粉病原菌，进入植物活体组织后，寄主制造的营养物质通过一套特殊的膜系统进入它们体内，供其生长需要。因此，病原菌只有进化出相应的营养摄取结构体系，才能成功寄生植物。该类型的防御体系主要取决于病原菌和寄主植物之间的进化关系。

五、过敏反应（hypersensitive response，HR）

剩下的防御体系是以“基因-对-基因”（gene-for-gene）互作为基础的抗性。植物的抗性基因与病原菌的无毒基因互作，导致植物抗性的产生（Der Biezen 和 Jones，1998）。

第三节 病原物-植物非寄主互作成分与系统

植物病原物经进化，能够合成一些酶类用于分解角质层、胞壁、中胶层、植保素等植物不同结构成分，也可为细胞质成分，或者所产生的某些产物能够诱发非寄主植物产生 HR 和/或 SAR。那么非寄主抗性的本质是什么？信号转导过程如何被激发的？非寄主植物又是如何抑制病原物侵染的？这几个问题值得深思。

一、病原物与植物非寄主互作成分

（一）植物细胞骨架（cytoskeleton）

豌豆白粉菌（*Erysiphe pisi*）接种大麦叶鞘细胞后，导致侵染位点的非寄主大麦叶鞘细胞中的微丝和微管聚集，细胞核向侵染位点移动，原生质集中在侵染位点，从而形成乳突结构，致使 *E. pisi* 不能侵入。当用细胞松弛素 A 处理大麦叶鞘细胞时，包括 *E. pisi* 在内的多个大麦非病原菌，如 *Alternaria alternat*、*Colletotrichum graminicola*、*Corne sporamelonis*、*Micosphaerella pinodes* 等都能有效入侵。细胞松弛素能够破坏细胞结构，细胞松弛素处理大麦、小麦、烟草和黄瓜后，它们都能被 *E. pisi* 侵染（Viljanenrollinson 等，1998）。植物细胞骨架在非寄主抗性中作用可能为：①防卫相关反应的极化作用；②信号转导；③临近细胞间的信号交流。

多种革兰氏阴性病原物激发非寄主植物 HR 的能力与其在寄主上的致病能力是密切相关的，因此，非寄主植物丧失诱发 HR 的病原物的突变体，对寄主植物没有致病性。目前，已从梨火疫病菌（*E. amylovora*）、菊欧氏杆菌（*E. chysanthemi*）、胡萝卜欧氏杆菌胡萝卜致病变种（*E. carovotora* pv. *carovotora*）、丁香假单胞丁香致病变种（*P. syringae* pv. *syringae*）、丁香假单胞大豆致病变种（*P. syringae* pv. *glycinea*）、蕃茄致病变种（*P. syringae* pv. *tomato*）以及水稻黄单胞菌（*Xanthomonas oryzae*）等多种病原细菌中分离并纯化出 *hp* 基因与 harpin 蛋白（Wei 等，1992；Yap 等，2006）。

（二）harpin 分子

harpin 分子具有诱发非寄主植物产生 HR 和诱导植物产生 SAR 的能力。同一属的病原物合成的 harpin 在核酸和蛋白序列上保守性较高。例如 $harpin_{Ecc}$ 与 $harpin_{Ech}$ 相比较而言，二者在相似性和同一性方面分别为 72.11% 与 53.14%；$harpin_{Ecc}$ 与 $harpin_{Ea}$ 的相似性和同一性分别为 66.16% 和 50.18%，尤其是 C 端约 50% 的部分相似性和同一性高达 90% 以上（Bauer，1995）。对于 *hp* - *avr* 基因互作模式的机理已基本明确，*avr* 基因的转录受到 hp 系统的调控，Avr 蛋白通过Ⅲ型分泌系统被注入寄主植物细胞中。对于小种专化性 *avr* - *R* 介导的 HR 需要 hp 分泌系统的参与，然而对于非寄主植物上的 HR 不需要 *avr* - *R* 的介导（Kvitko 等，2007）。

研究表明，Ⅲ型分泌系统分泌 harpin 至细胞外，harpin 与植物细胞壁上的受体结合后致使 K^+/H^+ 跨膜交换，然后活性氧爆发，过量的活性氧导致植物细胞程序性死亡（programmed cell death，PCD）的产生，在形态上表现出 HR（Samuel 等，2005）。harpin 分子以及外源的活性氧均可启动植物细胞程序性死亡，激发如苯丙氨酸解氨酶（PAL）、谷胱甘肽 S 转移酶（GST）、邻氨基苯甲酸合成酶（ASA1）等植物防卫反应（defense response，DR）基因的表达。然而，harpin 分子与外源活性氧诱导植物细胞程序性死亡和防卫基因表达的信号途径不同（Garmier 等，2007）。harpin 可启动两个信号传递途径，一是诱导活性氧产生以及 PAL、GST mRNA 的表达；另一个是导致 GST 和 ASA1 表达量上调。harpin 分子所诱导的 SAR 是通过 SA 信号传导途径实现的（Dong 等，1999）。harpin 分子的 N 端 153 个氨基酸片段、N 端 109 个氨基酸片段、C 端 216 个氨基酸片段均具有诱导 HR 活性。harpin 分子可能至少有 4 个结构域：①诱发 HR（或 PCD）的结构域；②激发 SAR 的结构域；③与Ⅲ型分泌系统互作结构域；④反应专一性相关的结构域。

二、病原物－植物非寄主互作系统

（一）对真菌的非寄主抗性研究

通过筛选 *Blumeriagraminis* f. sp. *hordei*（*Bgh*）对拟南芥有着更高穿透率的突变体，发现并克隆了 *PEN*（*penetration*）基因，并筛选得到了 *pen* 突变体。研究表明 *PEN* 基因参与了拟南芥对真菌 *Bgh* 的非寄主抗性过程。

*PEN*1（*AtSYP*121）编码一个拟南芥膜相关蛋白，具有 SNARE（soluble N－ethylmaleimide－sensitive factor attachment protein receptor）结构域突触融合蛋白（Syntaxin）。该蛋白参与膜的融合和分泌相关过程。该膜泡中包含抗真菌物质，并将其运输到细胞膜外，参与形成 papillae 结构，这样就造成了一个抗真菌的环境，抵御真菌的侵袭。*pen*1 突变体降低了对 *Bgh* 附着胞发育和分化的抑制，结果导致该病原菌吸器形成数量的增加（Collins 等，2003）。但是仍会产生 HR，导致 *Bgh* 不能有效地在拟南芥叶片上繁殖，这说明了 *PEN*1 只是拟南芥非寄主抵抗 *Bgh* 复杂机制组分中的一个组成部分。*PEN*1 参与调控囊泡的分泌途径，产生对 *Bgh* 的非寄主抗性。在大麦白粉病的寄主植物大麦上筛选得到 *rorl* 和 *ror*2（Required for MLO－specified resistance），突变体提高了对 *Bgh* 的抗性。*ROR*2 与 *PEN*1 是同源基因，并有相似的功能，说明非寄主抗性与基础抗性之间存在密切的联系。烟草中 *PEN*1 的同源基因 *NtSYP*1 已被证明可以介导 ABA 信号传导，控制叶孔的开闭和植物的正常生长。

*PEN*2 基因是拟南芥基因组中 48 个编码糖基水解酶（glycosyl hydrolase）的基因之一，编码一个过氧化氢酶体的葡萄糖基水解酶，但是 *PEN*2 基因的底物和活性产物目前还不清楚，可能参与抗真菌物质的合成过程。和 *pen*1 类似，*pen*2 突变体导致 *Bgh* 吸器数量的增加（Bhat 等，2005）。*PEN*2 基因功能缺失使拟南芥对 *Bgh* 的穿透率提高了 5 倍，而 *pen*1/*pen*2 的双突变体穿透率是野生型的 11 倍，说明 *PEN*1 与 *PEN*2 处于不同的抗病途径中。与 *pen*1/*pen*2 相比，*pen*1 对寄主白粉病的穿透率是不变的。说明 *PEN*1 与 *PEN*2 介导的穿透抗性只是在非寄主抗性中起作用。*PEN*2 定位在过氧化物酶体的膜上，而过氧化

物酶体与病原菌诱导的细胞极化密切相关。植物细胞内过氧化物酶体的转运是沿着肌动蛋白微纤丝进行的。肌动蛋白功能的丧失会使病原菌诱导的细胞骨架重组受阻，从而大大降低对白粉病非寄主抗性中的吸器形成前的抗性。白粉病侵染时，过氧化物酶体向侵染位点移动、积累，该酶具有抗菌活性，因此可以限制吸器的形成。

*PEN*3/*PDR*8 编码一个 PDR 类似的 ATP 结合转移子（PDR - like ATP - binding cassette transporter），最初被注解为多种药物抗性类似的转移子（Stein 等，2006）。该转移子可能参与抗真菌物质转移至细胞质体的途径过程。在感染 *Bgh* 之初，PEN3 - GFP 融合蛋白定位在细胞质膜上，随后在病原菌的感染部位积累。和 *pen*1、*pen*2 相似，*pen*3 突变体导致 *Bgh* 吸器形成的增加，也能产生 HR，导致 *Bgh* 病原菌不能有效增殖（Lipka 等，2005）。*PEN*3 基因功能的缺失会使 SA 水平提高，这也是 *pen*3 表现出对寄主白粉病基础抗性增加的原因。有趣的是，在 *pen*2/*pen*3 中，这种 SA 水平的提高并不明显。这与 *PEN*2 和 *PEN*3 处于同一条抗病途径中，且都与酶活性的激活及向侵染点方向的抗菌物质转运有关。在 *pen*2/*pen*3 中，*PEN*2 基因功能的缺失会使抗菌物质不再在侵染点处积累，*PEN*3 介导的 SA 依赖的过敏反应也就不会被激活。

（二）对细菌的非寄主抗性研究

以拟南芥与非寄主病原菌假单胞菌（*pseudomonas syringae* pv. *phaseolicola*）的互作为模式系统，从拟南芥突变体中分离出的一个抗非寄主细菌性病原菌的非寄主抗性基因 *NHO*1（*NON HOST RESISTANCE*1）（Kang 等，2003）。*NHO*1 编码一个甘油激酶，在 ATP 的参与下催化甘油形成 3 - 磷酸甘油（G3P）。G3P 则随后参与许多的代谢反应过程。非寄主菌假单胞菌如 *psphaesolicola* NPS3121 诱导 *NHO*1 基因的表达，毒性假单胞菌 *Pst* DC3000 依赖茉莉酸信号途径抑制 *NHO*1 基因的表达，说明毒性菌能够克服 *NHO*1 介导的非寄主抗性。*NHO*1 不仅只对细菌产生抗性，它是一种广谱的抗性基因，对真菌病原物葡萄孢菌（*Botrytis cinerra*）非寄主抗性也是必需的。携带有无毒基因 *avrB* 的 *Pst* DC3000 能诱导 *NHO*1 基因的表达，*avrB* 极有可能激活了拟南芥基因对基因的抗性，说明非寄主抗性与基因对基因的抗性之间存在着某些联系。*NHO*1 可以被鞭毛蛋白激活，通过 FLS2 和 LRR 类蛋白受体激酶以及 MAPKs

参与的信号途径激活植物防御反应（Li 等，2005）。

第四节　非寄主抗性的分子机理

植物物理与化学预存防御体系，能够将部分病原菌抵挡在植物的细胞之外。当病原菌克服这些障碍之后，它们可被植物细胞膜上的防御体系识别，导致 PAMPs 所引起的植物非寄主抗性的产生。PAMPs 是非寄主植物与病原物互作的主要诱导物。植物为抵御病原菌的侵染，一种重要的防御机制就是识别 PAMPs，然后自身产生防卫反应。但是，植物病原菌为躲避植物的这种抗性，会产生各种毒素和效应物来抑制和扰乱植物的防卫反应（Thomma 等，2011）。植物 PAMPs 相关的受体能够识别病原菌的 PAMPs，从而激活细胞内的第二信使，放大信号反应，信号在细胞内进行传导，最终诱发相关防御基因的表达。一般情况下，真核细胞内的第二信使相对较为保守，通过细胞质钙离子的改变来调节 ROS、NO 浓度以及 MAPKs 活性，从而调控 PAMPs 相关的非寄主抗性（Stael 等，2015）。

研究表明，在植物寄主抗性和非寄主抗性中均能合成 NO（Tilahun 等，2014）。Zeidler 等人研究发现拟南芥 AtNOS1 是植物中一种与激素信号传导相关的一氧化氮合酶，能够介导拟南芥脂多糖（lipopolysaccharide，LPS）相关的 NO 的合成以及 *PR* 基因的表达（Zeidler 等，2004）。*AtNOS*1 失活后，导致植株 LPS 相关的 NO 合成的终止，也提高了植株对假单胞菌 DC3000 侵染的敏感性（Guo 等，2003）。

MAPKs 为细胞中一类丝氨酸/苏氨酸蛋白激酶，在病原物胁迫的信号转导中发挥交叉枢纽作用（Gomezgomez 和 Boller，2002）。MAPKs 系统包括 MAPKs、MAPKKs、MAPKKKs 3 种类型的激酶。植物病原菌的 PAMPs 可瞬时激活 MAPKs 活性。在拟南芥中，*AtMPK*3 和 *AtMPK*6 负责响应病原菌的 PAMPs（Jonak 等，2002）。另外，植物病原菌处理大麦后，*PcMPK*3 和 *PcMPK*6 迅速在细胞核内定位，所以推测二者可能参与活性氧的产生以及 WRKY 转录因子依赖的 *PR* 基因的表达过程（Lee 等，2004）。拟南芥中已发现一个较完整的 MAPK 信号传导途径，同时也发现了它们上游的转录因子的受体激酶 FLS2 以及下游转录因子 WRKY22/WRKY29，因此推测 MAPKs 是植物防御反应中的重要信号转导物质，这 3 种激酶相关的传递模式可能是真核生物防御的信号转导的普遍机制（Nuernberger 和 Lipka，2005；Daxberger 等，2007）。

参考文献

[1] Alfano J R，Collmer A. Bacterial Pathogens in Plants：Life up against the Wall [J]. The Plant Cell，1996，8（10）：1683 – 1698.

[2] Bhat R A，Miklis M，Schmelzer E，et al. Recruitment and interaction dynamics of plant penetration resistance components in a plasma membrane microdomain [J]. Proceedings of the National Academy of Sciences of the United States of America，2005，102（8）：3135 – 3140.

[3] Chien C，Mathieu J，Hsu C，et al. Nonhost resistance of tomato to the bean pathogen *Pseudomonas syringae* pv. *syringae* B728a is due to a defective E3 ubiquitin ligase domain in avrptobb728a [J]. Molecular Plant – microbe Interactions，2013，26（4）：387 – 397.

[4] Collins N C，Thordalchristensen H，Lipka V，et al. SNARE – protein – mediated disease resistance at the plant cell wall [J]. Nature，2003，425（6961）：973 – 977.

[5] Dangl J L，Mcdowell J M. Two modes of pathogen recognition by plants [J]. Proceedings of the National Academy of Sciences of the United States of America，2006，103（23）：8575 – 8576.

[6] Daxberger A，Nemak A，Mithofer A，et al. Activation of members of a MAPK module in β – glucan elicitor – mediated non – host resistance of soybean [J]. Planta，2007，225（6）：1559 – 1571.

[7] Der Biezen E A，Jones J D. Plant disease – resistance proteins and the gene – for – gene concept [J]. Trends in Biochemical Sciences，1998，23（12）：454 – 456.

[8] Dong H，Delaney T P，Bauer D W，et al. Harpin induces disease resistance in *Arabidopsis* through the systemic acquired resistance pathway mediated by salicylic acid and the *NIM*1 gene [J]. Plant Journal，1999，20（2）：207 – 215.

[9] Hao C，Chen Y，Zhang B，et al. Histochemical comparison of the nonhost tomato with resistant wheat against *Blumeria graminis* f. sp. *tritici* [J]. Microscopy Research and Technique，2013，76（5）：514 – 522.

[10] He P，Shan L，Lin N，et al. Specific bacterial suppressors of MAMP signaling upstream of MAPKKK in *Arabidopsis* innate immunity [J]. Cell，2006，125（3）：563 – 575.

[11] Iriti M, Faoro F. Chitosan as a MAMP, searching for a PRR [J]. Plant Signaling & Behavior, 2009, 4 (1): 66 – 68.

[12] Garmier M, Priault P, Vidal G, et al. Light and oxygen are not required for harpin – induced cell death [J]. Journal of Biological Chemistry, 2007, 282 (52): 37556 – 37566.

[13] Gomezgomez L, Boller T. Flagellin perception: a paradigm for innate immunity [J]. Trends in Plant Science, 2002, 7 (6): 251 – 256.

[14] Guo F, Okamoto M, Crawford N M, et al. Identification of a plant nitric oxide synthase gene involved in hormonal signaling [J]. Science, 2003, 302 (5642): 100 – 103.

[15] Gururani M A, Venkatesh J, Upadhyaya C P, et al. Plant disease resistance genes: Current status and future directions. Physiological and Molecular Plant Pathology [J]. 2012, 78: 51 – 65.

[16] Faris J D, Liu Z, Xu S S, et al. Genetics of tan spot resistance in wheat [J]. Theoretical and Applied Genetics, 2013, 126 (9): 2197 – 2217.

[17] Kang L, LI J, Zhao T, et al. Interplay of the *Arabidopsis* nonhost resistance gene *NHO*1 with bacterial virulence. Proceedings of the National Academy of Sciences [J]. 2003, 100: 3519 – 3524.

[18] Kiss L, Cook R T, Saenz G S, et al. Identification of two powdery mildew fungi, *Oidium neolycopersici* sp. *nov.* and *O. lycopersici*, infecting tomato in different parts of the world [J]. Fungal Biology, 2001, 105 (6): 684 – 697.

[19] Kvitko B H, Ramos A R, Morello J E, et al. Identification of harpins in *Pseudomonas syringae* pv. *tomato* DC3000, which are functionally similar to hrpK1 in promoting translocation of typeⅢ secretion system effectors [J]. Journal of Bacteriology, 2007, 189 (22): 8059 – 8072.

[20] Jafary H, Albertazzi G, Marcel T C, et al. High diversity of genes for nonhost resistance of *barley* to heterologous *rust* fungi [J]. Genetics, 2008, 178 (4): 2327 – 2339.

[21] Jeuken M J, Van Wijk R, Peleman J, et al. An integrated interspecific AFLP map of *lettuce* (*Lactuca*) based on two *L. sativa* × *L. saligna* F_2 populations [J]. Theoretical and Applied Genetics, 2001, 103 (4): 638 – 647.

[22] Jeuken M J, Pelgrom K, Stam P, et al. Efficient QTL detection for nonhost resistance in wild *lettuce*: backcross inbred lines versus F_2 population [J]. Theoretical and Applied Genetics, 2008, 116 (6): 845 – 857.

[23] Jones D A, Takemoto D. Plant innate immunity – direct and indirect recognition of general and specific pathogen – associated molecules [J]. Current Opinion in Immunology, 2004, 16 (1): 48 – 62.

[24] Li X, Lin H, Zhang W, et al. Flagellin induces innate immunity in nonhost interactions that is suppressed by *Pseudomonas syringae* effectors [J]. Proceedings of the National Academy of Sciences of the United States of America, 2005, 102 (36): 12990 – 12995.

[25] Lindgren P B, Peet R C, Panopoulos N J, et al. Gene cluster of *Pseudomonas syringae* pv. " *phaseolicola*" controls pathogenicity of bean plants and hypersensitivity of nonhost plants [J]. Journal of Bacteriology, 1986, 168 (2): 512 – 522.

[26] Lipka V, Dittgen J, Bednarek P, et al. Pre – and postinvasion defenses both contribute to nonhost resistance in *Arabidopsis* [J]. Science, 2005, 310 (5751): 1180 – 1183.

[27] Mishina T E, Zeier J. Bacterial non – host resistance: interactions of *Arabidopsis* with non – adapted *Pseudomonas syringae* strains [J]. Physiologia Plantarum, 2007, 131 (3): 448 – 461.

[28] Mysore K S, Ryu C. Nonhost resistance: how much do we know? [J]. Trends in Plant Science, 2004, 9 (2): 97 – 104.

[29] Nakashima A, Chen L, Thao N P, et al. RACK1 functions in rice innate immunity by interacting with the rac1 immune complex [J]. The Plant Cell, 2008, 20 (8): 2265 – 2279

[30] Nurnberger T, Lipka V. Non – host resistance in plants: new insights into an old phenomenon [J]. Molecular Plant Pathology, 2005, 6 (3): 335 – 345.

[31] Oh S K, LEE S, Chung E, et al. Insight into Types Ⅰ and Ⅱ nonhost resistance using expression patterns of defense – related genes in tobacco [J]. Planta, 2006, 223: 1101 – 1107.

[32] Pahalawatta V, Chen X. Inheritance and molecular mapping of barley genes conferring resistance to wheat stripe rust [J]. Phytopathology, 2005, 95 (8): 884 – 889.

[33] Peart J R, Lu R, Sadanandom A, et al. Ubiquitin ligase – associated protein SGT1 is required for host and nonhost disease resistance in plants [J]. Proceedings of the National Academy of Sciences of the United States of America, 2002, 99 (16): 10865 – 10869.

[34] Samuel M A, Hall H, Krzymowska M, et al. SIPK signaling controls multiple components of harpin – induced cell death in tobacco [J]. Plant Journal, 2005, 42 (3): 406 – 416.

[35] Schulzelefert P, Panstruga R. A molecular evolutionary concept connecting nonhost resist-

ance, pathogen host range, and pathogen speciation [J]. Trends in Plant Science, 2011, 16 (3): 117 - 125.

[36] Senthilkumar M, Mysore K S. Nonhost resistance against bacterial pathogens: retrospectives and prospects [J]. Annual Review of Phytopathology, 2013, 51 (1): 407 - 427.

[37] Shafiei R, Hang C, Kang J, et al. Identification of loci controlling non - host disease resistance in *Arabidopsis* against the leaf rust pathogen *Puccinia triticina* [J]. Molecular Plant Pathology, 2007, 8 (6): 773 - 784.

[38] Shan L, He P, Zhou J M, et al. A cluster of mutations disrupt the avirulence but not the virulence function of AvrPto [J]. Molecular plant - microbe interactions, 2000, 13: 592 - 598.

[39] Singh R P. Genetic association of leaf rust resistance gene Lr34 with adult plant resistance to stripe rust in bread wheat [J]. Phytopathology, 1992, 82 (8): 835 - 838.

[40] Spoel S H, Dong X. How do plants achieve immunity? Defence without specialized immune cells [J]. Nature Reviews Immunology, 2012, 12 (2): 89 - 100.

[41] Stael S, Kmiecik P, Willems P, et al. Plant innate immunity - sunny side up? [J]. Trends in Plant Science, 2015, 20 (1): 3 - 11.

[42] Stein M, Dittgen J, Sanchezrodriguez C, et al. Arabidopsis PEN3/PDR8, an ATP binding cassette transporter, contributes to nonhost resistance to inappropriate pathogens that enter by direct penetration [J]. The Plant Cell, 2006, 18 (3): 731 - 746.

[43] Sui X, He Z, Lu Y, et al. Molecular mapping of a non - host resistance gene *YrpstY1* in *barley* (*Hordeum vulgare* L.) for resistance to wheat *stripe rust* [J]. Hereditas, 2010, 147 (5): 176 - 182.

[44] Teye K, Quaye I K, Koda Y, et al. A - 61C and C - 101G Hp gene promoter polymorphisms are, respectively, associated with ahaptoglobinaemia and hypohaptoglobinaemia in Ghana [J]. Clinical Genetics, 2003, 64 (5): 439 - 443.

[45] Thomma B P, Nurnberger T, Joosten M H, et al. Of PAMPs and Effectors: The Blurred PTI - ETI Dichotomy [J]. The Plant Cell, 2011, 23 (1): 4 - 15.

[46] Thordalchristensen H. Fresh insights into processes of nonhost resistance [J]. Current Opinion in Plant Biology, 2003, 6 (4): 351 - 357.

[47] Tilahun A Y, Karau M J, Ballard A, et al. The impact of staphylococcus aureus - associated molecular patterns on staphylococcal superantigen - induced toxic shock syndrome and pneumonia [J]. Mediators of Inflammation, 2014: 468285 - 468285.

[48] Tosa Y, Shishiyama J. Defense reactions of barley cultivars to an inappropriate forma specia-

lis of the *powdery mildew* fungus of gramineous plants [J]. Botany, 1984, 62 (10): 2114 - 2117.

[49] Tsuba M, Katagiri C, Takeuchi Y, et al. Chemical factors of the leaf surface involved in the morphogenesis of *Blumeria graminis* [J]. Physiological and Molecular Plant Pathology, 2002, 60: 51 - 57.

[50] Viljanenrollinson S L, Gaunt R E, Frampton C M, et al. Components of quantitative resistance to powdery mildew (*Erysiphe pisi*) in pea (*Pisum sativum*) [J]. Plant Pathology, 1998, 47 (2): 137 - 147.

[51] Wei Z, Laby R J, Zumoff C H, et al. Harpin, elicitor of the hypersensitive response produced by the plant pathogen *Erwinia amylovora* [J]. Science, 1992, 257 (5066): 85 - 88.

[52] Yap M, Rojas C M, Yang C, et al. Harpin Mediates Cell Aggregation in *Erwinia chrysanthemi* 3937 [J]. Journal of Bacteriology, 2006, 188 (6): 2280 - 2284.

[53] Zeidler D, Zahringer U, Gerber I B, et al. Innate immunity in *Arabidopsis thaliana*: Lipopolysaccharides activate nitric oxide synthase (NOS) and induce defense genes [J]. Proceedings of the National Academy of Sciences of the United States of America, 2004, 101 (44): 15811 - 15816.

[54] Zhang J, Lu H, Li X, et al. Effector - triggered and pathogen - associated molecular pattern - triggered immunity differentially contribute to basal resistance to *Pseudomonas syringae* [J]. Molecular Plant - microbe Interactions, 2010, 23 (7): 940 - 948.

第五章　气孔对植物非寄主抗性的影响

气孔是植物叶表皮上的小孔，由两个特化的保卫细胞组成，是植物体与外界环境进行气体交换的重要器官，影响着植物的光合作用、呼吸作用（Shabbir 和 Britton，2010）。气孔也是植物体发生蒸腾作用的主要部位，在植物水分代谢中有重要的调节作用（Brown 和 Randle，2005）。

在基础研究方面，气孔逐渐成为一个研究的热点。其特殊的叶片下表皮分布，能接收一些外源和内源信号，在分子遗传学、生物物理学和细胞生物学上被广泛应用于植物膜信号的传导研究。

气孔运动与植物的抗病性关系密切。气孔是病原菌侵入的主要通道，植物受到细菌攻击时，气孔进行关闭从而阻止其侵入。但是植物病原细菌能够产生毒素等物质使气孔重新开放，最终进入植物体内。因此，研究气孔运动的机制有利于解析细菌致病性、病害流行及微生物适生性。

第一节　气孔运动机理

经典理论认为，保卫细胞膨压调节气孔的运动，保卫细胞通过吸收 K^+、各种阴离子及蔗糖等物质，可提高胞内的渗透压，导致保卫细胞吸水膨胀，因此，气孔开放；当 K^+ 及各类阴离子外流、蔗糖向外转移及苹果酸转化为淀粉时，保卫细胞渗透压降低，保卫细胞失水萎缩引起气孔关闭（Kim 等，2010）。此外，在气孔运动的信号途径中，保卫细胞中的水势变动也发挥一定的作用（Buckley，2005）。

保卫细胞膨压可由多种信号调控。普遍认为，当气孔保卫细胞质膜上的受体感受到外界信号（光、温度、水、CO_2 等）或植物自身信号（ROS、ABA、生长素等）刺激时，这些信号转换为胞内信息——第二信使（Ca^{2+}、IP3、cAMP 等），进而激活质膜上的多种离子通道（Ca^{2+}、K^+、Cl^- 通道等）和与信号转导相关的酶类（蛋白激酶、蛋白磷酸酶），从而通过不同的信号途径调节气孔运动。

一、K^+ 通道在气孔运动中的作用

K^+ 通道可分为内向钾离子（K_{in}^+）通道和外向钾离子（K_{out}^+）通道两种。Liu 等人的研究表明，高渗透势能激活 K_{in}^+ 通道，抑制 K_{out}^+ 通道，致使保卫细胞吸水膨胀促进气孔开放；而低渗透势的作用效果相反（Liu 和 Luan，1998）。Romano 等人发现，胞内 Ca^{2+} 水平的升高可抑制蚕豆保卫细胞 K_{in}^+ 通道，进而抑制气孔开放，说明 K_{in}^+ 通道超极化激活对胞内 Ca^{2+} 水平具有强烈的依赖性（Romano 等，2000）。安国勇等人研究发现，H_2O_2 通过抑制胞外 K^+ 内流或促进胞内 K^+ 外流来诱导气孔关闭。他们在实验中还发现，K_{out}^+ 通道电流的强弱受 H_2O_2 浓度的影响，但是这并不能排除质膜上可能还有其他的 K^+ 外流方式。Evans 发现，茉莉酸甲酯也能够通过调节内、外向 K^+ 通道活性来诱导气孔关闭（Evans，2003）。Hosy 等人研究发现，在拟南芥 *GORK*（K_{out}^+ 通道基因）缺失突变体中 K_{out}^+ 通道活性显著降低，保卫细胞对黑暗和激素刺激表现出不敏感，同时保卫细胞失水量也明显增加（Hosy 等，2003）。

二、Ca^{2+} 通道在气孔运动中的作用

拟南芥和蚕豆保卫细胞质膜上都检测到了跨膜 Ca^{2+} 电流，并发现 H_2O_2 和 ABA 能够以相似的作用方式激活保卫细胞质膜上相同的 Ca^{2+} 通道，虽然两者信号途径不同，但最终都要通过 Ca^{2+} 通道调节气孔运动（Hamilton 等，2000）。Pei 等人根据胞内 Ca^{2+} 水平升高可以增加拟南芥保卫细胞对电压的敏感性，推测保卫细胞质膜上可能存在一个内向 Ca^{2+} 通道，多种刺激（如 ABA 和病原激发子）都可激活质膜上的 Ca^{2+} 通道，使胞外 Ca^{2+} 内流，诱发胞内一系列反应，诱导气孔运动（Pei 等，2000）。ABA 可瞬时或缓慢诱导胞内 Ca^{2+}

浓度的增加。低浓度 ABA 是通过诱导胞内钙库释放，高浓度 ABA 是通过诱导胞外 Ca^{2+} 内流使胞内 Ca^{2+} 水平升高。Ng 等人发现，胞内 Ca^{2+} 水平的升高可引发胞内 Ca^{2+} 浓度的进一步增加，即保卫细胞存在一个受胞内 Ca^{2+} 浓度诱导的 Ca^{2+} 释放机制（calcium - induced calcium release，CICR），并认为 CICR 机制是通过液泡膜上的 SV 通道（Slow Vacuole channel）来释放 Ca^{2+}，从而将 Ca^{2+} 信号进一步放大、传递（Ng 等，2001）。

三、Cl^- 通道在气孔运动中的作用

阴离子通道按照作用方式可分为 R 型（rapid type）和 S 型（slow type）。阴离子通道主要通透 Cl^- 和苹果酸根离子。保卫细胞质膜阴离子通道的活化是气孔关闭的关键环节之一。拟南芥保卫细胞的胞外和胞内 ABA 处理时都可以激活 S 型阴离子电流（Allan 等，1994）。阴离子跨膜外流使膜去极化，激活外向钾通道，使 K^+ 外流，进而引发气孔关闭。在拟南芥突变体 *abi*1 和 *abi*2 的保卫细胞中，ABA 不能激活 S 型阴离子电流。这一结果为阴离子通道参与气孔关闭过程提供了遗传学依据。在蚕豆保卫细胞中，阴离子通道的活性可被蛋白激酶抑制剂 K - 252a 完全抑制，并且 ABA 诱导的气孔关闭也受到了抑制，而蛋白磷酸酶抑制剂冈田酸（okadaic acid，OA）增强了这两种效应。但是在拟南芥保卫细胞中 OA 却抑制了 ABA 激活的阴离子通道和 ABA 诱导的气孔关闭，可见阴离子通道在不同植物中对气孔运动的影响不同。

四、活性氧在气孔运动中的作用

活性氧（ROS）作为一种信号分子参与了多种与气孔运动有关的信号转导过程。脱落酸（ABA）在植物应答多种非生物胁迫反应以及调节发育中起到了重要作用。在拟南芥和蚕豆中已证实 ABA 能够通过保卫细胞质膜上的 NADPH 氧化酶诱导 H_2O_2 快速产生，H_2O_2 抑制质膜 K^+_{in} 通道活性，进而诱导气孔关闭。此外还发现 ABA 可通过诱导 H_2O_2 的产生来提高胞质中 Ca^{2+} 水平（Murata 等，2001）。

H_2O_2 还可以诱导胞内 pH 升高。胞内 Ca^{2+} 浓度和 pH 的升高可使质膜去极化，激活质膜上 K^+_{out} 通道和阴离子通道，从而诱导气孔关闭（Selivanov 等，

2008）。

在SA诱导蚕豆叶片气孔运动的实验中，SA可以通过激活保卫细胞质膜上NADPH氧化酶进而诱导气孔关闭，且SA的作用可被DPI抑制，表明可能是活性氧的产生介导了SA诱导的气孔关闭（Hamilton等，2000）。

Ca^{2+}能够通过激活细胞质膜上NADPH氧化酶、过氧化物酶等活性，促进植物细胞内ROS的产生。还有研究表明，外源Ca^{2+}也能刺激ROS的产生。在ROS与Ca^{2+}的相互作用中，大多数反应表现为ROS的积累引起胞质内Ca^{2+}水平的升高，两者可共同增强植物的抗逆性（Pei等，2000）。

第二节　气孔在植物抗性中的作用

大部分植物病原菌需进入植物细胞内，从植物细胞中获得水分等营养物质，从而达到生存及增殖的目的（Okori等，2004）。病原真菌进化出一系列的结构，利用这些"装置"，可以穿透植物表皮结构直接渗透到细胞中。但是病原细菌没有真菌的这些结构，它们只有通过植物上的一些天然通道（如排水器、气孔、蜜腺、皮孔等）和植物表面的伤口位置进入植物内部组织中。因此，气孔在植物防御病原菌方面起着重要的作用（Melotto等，2008）。

植物表面的天然通道和伤口一直被认为是病菌细菌可以自由出入的被动出口，同时，病原细菌也缺乏相关的主动机制来达到自由进入的目的（Underwood等，2007）。近年来的研究表明，细菌通过气孔进入到植物内部组织是一个复杂的、动态的过程，并非是简单的通过被动的通道处游动过去。Melotto和他的同事利用模式植物拟南芥系统研究了气孔在植物免疫中的作用（Melotto等，2006）。

Melotto等人（2006）将完全打开的拟南芥叶片侵染在感染人类的大肠杆菌*Escherichia coli* O157：H7悬浮液中，结果发现，侵染2h后气孔关闭。侵染4h和8h气孔一直处于关闭状态。而对照组的气孔一直处于张开状态。他们将气孔暴露在假单胞菌*Pst* DC3000中，2h后发现气孔也出现了关闭状态，但是4h后气孔又恢复到打开状态。这些结果表明植物主动地关闭气孔来防御植物病原菌及人类病原菌。但是对于一些植物细菌而言，可以利用某些机制来克服植物的这种防御。

他们研究进一步发现，植物气孔关闭的防御机制依赖于 PAMPs。他们利用 flg22 和 LPS 来处理野生型拟南芥气孔，发现二者均可以使气孔关闭。相反，拟南芥 *fls2* 突变体的气孔在 flg22 处理后气孔没有发生变化。造成这些结果的原因是，拟南芥利用其细胞上的受体蛋白（如 FLS），通过保守的细菌表面 PAMPs（如 flg22 和 LPS）感知病原细菌，从而通过关闭气孔来防御病原菌（Melotto 等，2006）。

一些植物激素如 SA、ABA 等参与植物的免疫反应。拟南芥的免疫反应包括 SA 依赖的途径和 SA 独立的途径两种，利用 SA 合成突变体 *eds16* –2 以及 SA 缺失突变体 *nahG* 研究发现，拟南芥利用 PAMPs 方式引起的气孔关闭、依赖于 SA 的途径。进一步的研究发现，在保卫细胞中也引起了 ABA 信号途径的参与。ABA 合成和信号途径上的一些缺失突变体如 *aba3* –1 和 *ost1* 在 flg22 和 LPS 处理后气孔不再关闭。

Pst DC3000 进化出了一套天然的毒性机制来克服植物的 PAMPs 防御体系。研究发现 *Pst* DC3000 包括两套毒性因子：*hp/hc* 基因编码的Ⅲ型分泌系统（TTSS），分泌大量的效应因子进入宿主细胞和植物毒素冠菌素（coronatine，COR）（Melotto 等，2006）。COR 突变菌株不能引起气孔重新打开，而 *hc* 突变菌株重新打开气孔的能力没有受到影响，说明了 *Pst* DC3000 正是通过 COR 来抑制植物的 PAMPs 免疫系统。

Melotto 的研究从三个方面证实了气孔在植物免疫中的作用：第一，植物进化出了有效的措施，可以感知病原菌，通过气孔的主动关闭可以有效地阻止植物及人类病原菌；第二，气孔的关闭依赖于 SA 途径。SA 在植物防御机制中起着至关重要的作用，而气孔的关闭依赖于 SA 途径，说明了气孔的关闭机制可能是植物 SA 防御途径中不可或缺的重要组成部分；第三，*Pst* DC3000 通过分泌特异性的毒性因子 COR 蛋白来抑制植物气孔的关闭。说明了克服植物气孔防御机制才能使病原菌有效地感染植物。

Melotto 和他的同事利用 *Pst* DC3000 和 LPS 感染西红柿的气孔，发现西红柿的气孔受到处理后气孔的运动类似于拟南芥的气孔运动方式。这说明了通过 PAMPs 感知病原菌引起的气孔关闭可能在植物中是一套比较保守的防御体系。

仅有一部分的 *P. syringae* 致病变种可以分泌 COR 蛋白，那么其他的致病菌可能通过其他的致病因子来克服植物的气孔防御体系。*P. syringae* pv. *tabaci* 并不产生 COR 蛋白，却可以使植物气孔重新打开，类似于 *Pst* DC3000，说明了其他的致病菌可能利用其他的策略来克服植物的气孔防御机制（Schulze 和 Robatzek，2006）。

因此，拥有克服植物气孔防御体系的能力可能影响它们的致病能力。对于一些不产生抑制气孔关闭致病因子的植物病原菌来说，它们缺乏主动的防御机制，只有等待有利的环境条件，使气孔防御处于比较弱的时候进入植物内部组织，或者利用伤口或者其他的机制（Zeng 等，2010）。

第三节　气孔在拟南芥甘油激酶 *NHO*1 调控的非寄主抗性中的作用

气孔是植物叶表皮上的小孔，由两个特化的保卫细胞组成，是植物体与外界环境进行气体交换的重要器官，影响植物的光合作用、呼吸作用。也是植物体发生蒸腾作用的主要部位，在植物水分代谢中有重要的调节作用（Damour 等，2010；Tuzet 等，2003）。

大部分植物病原菌需进入植物细胞内，从植物细胞中获得水分等营养物质，从而达到生存及增殖的目的。病原真菌进化出一系列的结构，利用这些“装置”，可以穿透植物表皮结构直接渗透到细胞中。但是病原细菌没有真菌的这些结构，它们只有通过植物的一些天然通道（如排水器、气孔、蜜腺、皮孔等）和植物表面的伤口位置进入植物内部组织中（Melotto 等，2008；Melotto 等，2006）。因此气孔在植物防御病原细菌方面起着重要的作用。

前期研究发现，*NHO*1 基因在保卫细胞中大量表达（见图 5－1）。保卫细胞控制着气孔的开闭，因此气孔的开闭在植物免疫中发挥着重要作用。著者将探讨气孔在拟南芥甘油激酶基因（*NHO*1）调控的非寄主抗性中的作用。

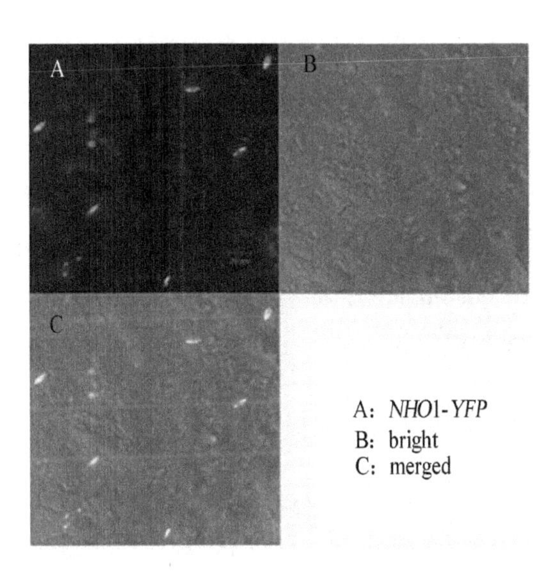

图5－1　*NHO*1 基因在保卫细胞中大量表达

一、原理与方法

为了探讨气孔在拟南芥甘油激酶 *NHO*1 调控的非寄主抗性中的作用，著者采用模式植物拟南芥为研究对象。

（一）植物材料

野生型：Col－0；甘油激酶 *NHO*1 基因突变体：*nho*1；甘油脱氢酶*GPDHC* 基因突变体：*gpdhc*；*nho*1 和 *ghdhc* 突变体杂交：*nho*1/*ghdhc*。其中 *gpdhc*（Salk_ 020444）购于 ABRC。*nho*1/*gpdhc* 由 *nho*1 和 *gpdhc* 杂交得到。

植物材料种植方法：拟南芥种子经 1.5%（V/V）次氯酸钠表面消毒 15min，无菌水冲洗 4～5 次，铺 MS 培养基上，4℃春化 2d，转移到培养室中光照培养 7～10d。然后将幼苗转移到营养土：蛭石为 1：1 的基质中生长培养。生长条件为 22℃，12h/12h 光照/黑暗。

（二）菌株材料

假单胞菌（*Pseudomonas syringae* pv. *phaseolicola*）NPS3121 株系，为拟南芥非寄主菌，在拟南芥所有生态型植株上均不能生长。

假单胞菌 NPS3121 菌液的准备：挑取单克隆接种于含有利福平（50 μg/mL）的 KBM 液体培养基中，28℃，200rpm 过夜培养。将过夜培养 OD_{600nm} = 1.0 左右的菌体倒进 50mL 的离心管中，28℃，4000rpm 离心 7min。弃上清液，用等体积的灭菌水悬浮菌体。28℃，4000rpm 离心 7min。弃上清液，再用等体积的灭菌水悬浮菌体。28℃，4000rpm 离心 7min。弃上清液，用灭菌水将菌体调至 OD_{600nm} =0.2（10^8cfu/mL）。加入终体积为 0.2% 的 sil－wet L－77，混匀。配制好的溶液用于接种拟南芥。

（三）拟南芥气孔测定

正常生长条件下的拟南芥 Col－0、*nho*1、*gpdhc* 及 *nho*1 /*gpdhc* 生长至约 3 周左右。为了使所有的气孔基本处于开放状态，所有植株材料至少在光照射下生长 3h 以上。取正常生长的拟南芥叶片，每个叶片至少 3 个重复，撕每个叶片的表皮条，于显微镜下观察正常条件下的气孔大小，拍照。剪取正常生长的拟南芥材料的叶片，每个叶片至少 3 个重复，将叶片浸泡于配制好的 NPS3121 菌液中。同时设立对照组。对照组为灭菌水，含有终体积为 0.2%（V/V）的 sil－wet L－77。在 0h、2h 和 4h 分别撕每个材料的叶片表皮条，于显微镜下观察气孔大小，拍照。统计每个材料每个处理组的气孔大小，每个材料至少统计 60 个气孔。分析结果。

拟南芥气孔导度的测量方法：正常生长条件下的拟南芥 Col－0、*nho*1、*gpdhc* 及 *nho*1 /*gpdhc* 生长至约 3 周左右，测定之前，所有材料至少光照 3h。气孔导度的测量采用 SC－1 气孔计，按其说明书进行。

二、结果与分析

（一）自然条件下气孔的大小

在自然条件下，拟南芥气孔大小如图 5－2 所示，*nho*1 突变体和 *nho*1/*gpdhc* 气孔在正常气孔下孔径大于野生型 Col－0 及 *gpdhc* 突变体。*nho*1 突变体和 *nho*1 /*gpdhc* 之间气孔大小没有差异；野生型 Col－0 和 *gpdhc* 突变体之间气孔大小也没有差异。

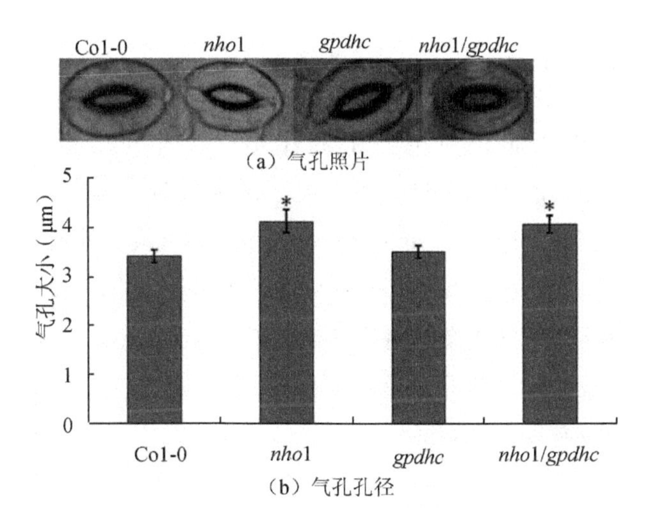

图 5-2　自然状态下拟南芥气孔大小

注：* P<0.5，与拟南芥野生型 Col-0 气孔相比较，差异显著。

(二) 自然条件下气孔的导度

气孔导度表示气孔张开的程度，其影响光合作用、呼吸作用及蒸腾作用。为了进一步确认是否甘油激酶 *nho*1 突变体的气孔孔径比野生型大，利用气孔导度仪测定其气孔导度大小，结果如图 5-3 所示。野生型 Col-0 气孔导度确实比 *nho*1 突变体气孔导度要低，降低了 17% 左右。这间接说明了野生型拟南芥 Col-0 气孔孔径比 *nho*1 突变体的气孔孔径小。

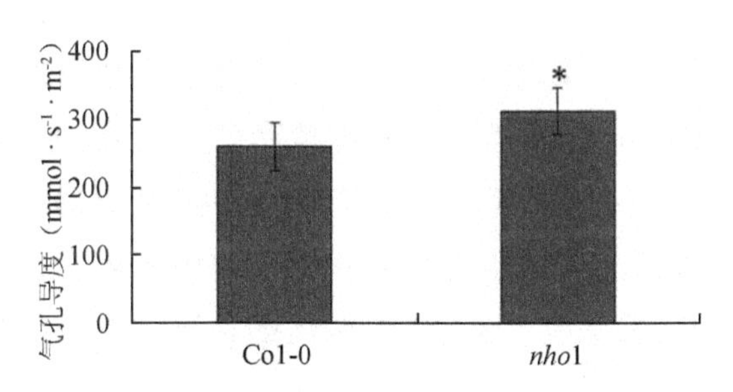

图 5-3　自然状态下拟南芥气孔导度

注：* P<0.5，与拟南芥野生型 Col-0 气孔导度相比较，差异显著。

（三）NPS 3121 处理下气孔的大小

为了研究气孔在非寄主抗性中的作用，著者利用拟南芥非寄主菌NPS3121处理离体下的拟南芥叶片的气孔。结果发现，NPS3121处理拟南芥气孔2h气孔均处于张开状态，*nho*1 和 *nho*1 /*gpdhc* 气孔大小略大于 Col－0 和 *gpdhc* 气孔。NPS3121 处理4h后，气孔仍然处于打开状态，和处理2h状态基本相同。菌处理条件下的4个材料的气孔状态，与mock组水处理条件下气孔状态基本相同，没有明显差异（见图5－4）。这说明了气孔在*NHO*1基因介导的非寄主抗性中没有发挥作用。

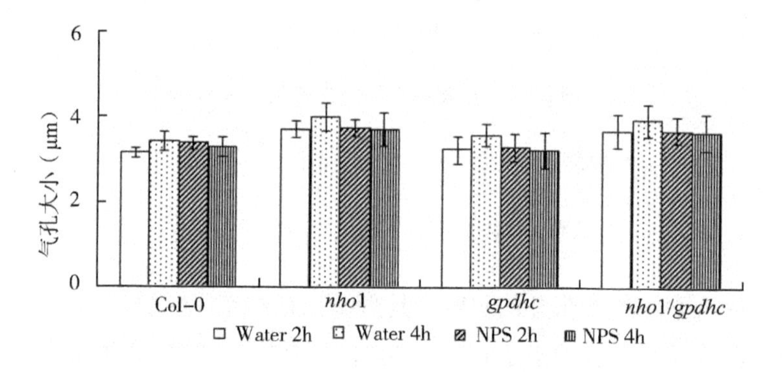

图5－4　NPS 3121 处理后气孔大小

三、讨　　论

气孔是植物叶片上特化的结构，调节着植物的光合作用、呼吸作用，同时也是病菌进入植物的天然通道，影响植物的免疫反应。前期研究表明，*NHO*1 基因在保卫细胞中大量表达，而 *NHO*1 基因编码甘油激酶，其可分解甘油成 G3P。*NHO*1 基因的突变导致了 *nho*1 突变体中积累了高浓度的甘油，甘油参与调节植物的渗透反应。因此，高浓度的甘油可能导致细胞内膨压的增加。保卫细胞中较高的膨压可能是 *nho*1 突变体气孔在正常条件下比野生型拟南芥气孔大的主要原因。

气孔导度表示气孔张开的程度，其影响植物的光合作用、呼吸作用及蒸腾作用（Whitehead 等，1984；Bunce 等，1992）。气孔是植物叶片与外界进行气体交换的主要通道。通过气孔扩散的气体有 O_2、CO_2 和水蒸气（Engineer 等，2016）。植物在光下进行光合作用，气孔吸收 CO_2，所以气孔必须张开，但气孔开张又不可避免地发生蒸腾作用，气孔可以根据环境条件的变化来调节自己开度的大小而使植物在损失水分较少的条件下获取最多的 CO_2（Gao 等，2002）。因此气孔导度间接反映了植物气孔的一些特性（Bonan 等，2014）。研究发现，在正常条件下，*nho*1 突变体的气孔导度比野生型高，这也从另一方面验证了气孔的大小。

大部分植物病原菌需进入植物细胞内，从植物细胞中获得水分等营养物质，从而达到生存及增殖的目的。因此植物进化出了通过气孔的免疫方式抑制病原菌的能力。植物利用细胞膜受体，通过 PAMPs 方式，感知病原菌，引起气孔的关闭，从而达到抑制病原菌的目的。一些植物的毒性细菌，如 *Pst* DC3000，利用Ⅲ型分泌系统，分泌毒性抑制因子 COR 蛋白，COR 蛋白可以与植物体内受体结合，抑制气孔的关闭，或者重新打开气孔，从而为病菌的入侵提供了通路（Melotto 等，2008）。Melotto 等人（2006）将气孔暴露在假单胞菌 *Pst* DC3000 中，2h 后发现气孔也出现关闭状态，但是 4h 后气孔又恢复到打开状态。因此，对于一些植物细菌而言，其可以利用某些机制来克服植物的这种防御（Melotto 等，2006）。非致病菌不能诱导气孔的开放。研究发现，*nho*1 突变体中积累大量的甘油，在正常情况下，其气孔的间隙比野生型的大，NPS3121 处理拟南芥气孔 2h 后并不能诱导气孔的关闭，气孔均处于张开状态，*nho*1 和 *nho*1 /*gpdhc* 气孔大小略大于 Col－0 和 *gpdhc* 气孔。NPS3121 处理 4h 以后，气孔仍然处于打开状态，也不进一步扩张，和处理 2h 状态基本相同。菌处理条件下的 4 个材料的气孔状态，与 mock 组水处理条件下气孔状态基本相同，没有明显差异。研究表明，*nho*1 突变体在植物天然免疫抗性中已经丧失了气孔反应能力，为致病菌的侵染大开方便之门，*nho*1 突变体气孔中甘油的积累可能是导致气孔开放的原因，而积累的甘油可能支持非寄主菌的生长，另外，细胞内甘油参与代谢的中间物或代谢过程会影响植物的代谢反应，导致植物免疫抗性的丧失。这一研究结果首次提出甘油代谢过程在植物非寄主抗性中起作用，同时说明了气孔在 *NHO*1 基因调控的非寄主抗性中没有发挥作用。

参考文献

[1] Allan A C, Fricker M D, Ward J L, et al. Two transduction pathways mediate rapid effects of abscisic acid in *Commelina* guard cells [J]. The Plant Cell, 1994, 6 (9): 1319 - 1328.

[2] Brown H, Randle J. Living with a stoma: A review of the literature [J]. Journal of Clinical Nursing, 2005, 14 (1): 74 - 81.

[3] Buckley T N. The control of stomata by water balance [J]. New Phytologist, 2005, 168 (2): 275 - 292.

[4] Bonan G B, Williams M, Fisher R A, et al. Modeling stomatal conductance in the earth system: linking leaf water - use efficiency and water transport along the soil - plant - atmosphere continuum [J]. Geoscientific Model Development, 2014, 7 (5): 2193 - 2222.

[5] Bunce J A. Stomatal conductance, photosynthesis and respiration of temperate deciduous tree seedlings grown outdoors at an elevated concentration of carbon dioxide [J]. Plant Cell and Environment, 1992, 15 (5): 541 - 549.

[6] Damour G, Simonneau T, Cochard H, et al. An overview of models of stomatal conductance at the leaf level [J]. Plant Cell and Environment, 2010, 33 (9): 1419 - 1438.

[7] Engineer C B, Hashimotosugimoto M, Negi J, et al. CO_2 sensing and CO_2 regulation of stomatal conductance: Advances and open questions [J]. Trends in Plant Science, 2016, 21 (1): 16 - 30.

[8] Evans N H. Modulation of guard cell plasma membrane potassium currents by methyl jasmonate [J]. Plant Physiology, 2003, 131 (1): 8 - 11.

[9] Gao Q, Zhao P, Zeng X, et al. A model of stomatal conductance to quantify the relationship between leaf transpiration, microclimate and soil water stress [J]. Plant Cell and Environment, 2002, 25 (11): 1373 - 1381.

[10] Hamilton D W, Hills A, Kohler B, et al. Ca^{2+} channels at the plasma membrane of stomatal guard cells are activated by hyperpolarization and abscisic acid [J]. Proceedings of the National Academy of Sciences of the United States of America, 2000, 97 (9): 4967 - 4972.

[11] Hosy E, Vavasseur A, Mouline K, et al. The Arabidopsis outward K^+ channel GORK is involved in regulation of stomatal movements and plant transpiration [J]. Proceedings of the National Academy of Sciences of the United States of America, 2003, 100 (9): 5549 - 5554.

[12] Kim T, Bohmer M, Hu H, et al. Guard cell signal transduction network: Advances in understanding abscisic acid, CO_2, and Ca^{2+} signaling [J]. Annual Review of Plant Biology, 2010, 61 (1): 561 –591.

[13] Liu K, Luan S. Voltage – dependent K^+ channels as targets of osmosensing in guard cells [J]. The Plant Cell, 1998, 10 (11): 1957 –1970.

[14] Melotto M, Underwood W, Koczan J M, et al. Plant stomata function in innate immunity against bacterial invasion [J]. Cell, 2006, 126 (5): 969 –980.

[15] Melotto M, Underwood W, He S Y, et al. Role of stomata in plant innate immunity and foliar bacterial diseases [J]. Annual Review of Phytopathology, 2008, 46 (1): 101 –122.

[16] Murata Y, Pei Z, Mori I C, et al. Abscisic acid activation of plasma membrane Ca^{2+} channels in guard vells requires cytosolic NAD (P) H and is differentially disrupted upstream and downstream of reactive oxygen species production in abi1 –1 and abi2 –1 protein phosphatase 2C mutants [J]. The Plant Cell, 2001, 13 (11): 2513 –2523.

[17] Ng C K, Mcainsh M R, Gray J E, et al. Calcium – based signalling systems in guard cells [J]. New Phytologist, 2001, 151 (1): 109 –120.

[18] Okori P, Rubaihayo P R, Adipala E, et al. Interactive effects of host, pathogen and mineral nutrition on grey leaf spot epidemics in *Uganda* [J]. European Journal of Plant Pathology, 2004, 110 (2): 119 –128.

[19] Pei Z, Murata Y, Benning G, et al. Calcium channels activated by hydrogen peroxide mediate abscisic acid signalling in guard cells [J]. Nature, 2000, 406 (6797): 731 – 734.

[20] Romano L A, Jacob T, Gilroy S, et al. Increases in cytosolic Ca^{2+} are not required for abscisic acid – inhibition of inward K^+ currents in guard cells of *Vicia faba* L. [J]. Planta, 2000, 211 (2): 209 –217.

[21] Schulzelefert P, Robatzek S. Plant pathogens trick guard cells into opening the gates [J]. Cell, 2006, 126 (5): 831 –834.

[22] Selivanov V A, Zeak J A, Roca J, et al. The role of external and matrix pH in mitochondrial reactive oxygen species generation [J]. Journal of Biological Chemistry, 2008, 283 (43): 29292 –29300.

[23] Shabbir J, Britton D C. Stoma complications: A literature overview [J]. Colorectal Disease, 2010, 12 (10): 958 –964.

[24] Tuzet A, Perrier A, Leuning R, et al. A coupled model of stomatal conductance, photo-

synthesis and transpiration [J]. Plant Cell and Environment, 2003, 26 (7): 1097 - 1116.

[25] Underwood W, Melotto M, He S Y, et al. Role of plant stomata in bacterial invasion [J]. Cellular Microbiology, 2007, 9 (7): 1621 - 1629.

[26] Whitehead D, Jarvis P G, Waring R H, et al. Stomatal conductance, transpiration, and resistance to water uptake in a *Pinus sylvestris* spacing experiment [J]. Canadian Journal of Forest Research, 1984, 14 (5): 692 - 700.

第六章 甘油代谢对非寄主抗性的影响

第一节 甘油及甘油代谢在植物抗病中的作用

甘油是生物细胞中广泛存在的一种代谢中间产物，参与多种胁迫反应，包括非生物胁迫和生物胁迫（Siderius 等，2002）。在酵母中，甘油参与厌氧条件下的氧化还原调节；此外，在高渗透胁迫下，酵母通过合成途径增加甘油合成量，降低甘油透过细胞膜的速度，调节甘油的分解代谢和从环境中摄取甘油等多种方式增加细胞内甘油的浓度，从而应对不利的环境（Aubert 等，1994）。杜氏盐藻（*Dunaliella salina*）是迄今发现的世界上最耐盐的单细胞真核生物，其可在 0.05mol/L NaCl 浓度下正常生长，其耐盐机制是通过胞内甘油合成与转化来缓解渗透压的变化（Sadava 和 Moore，1987）。在拟南芥甘油代谢突变体 *gli*1 中，由于甘油激酶功能的缺失，导致植物体内积累大量的甘油，从而增加了抗非生物胁迫的能力（Eastmond，2004）。

除了甘油在非生物胁迫中发挥功能外，在生物胁迫中，甘油也起着重要的作用。在病原菌和植物的互作中，病原菌需要从植物中获取营养物质才能满足自身生存的需要（Izawa 等，2004）。在某些情况下，甘油甚至可以作为病原微生物的唯一碳源物质。在病原微生物中，甘油代谢途径的阻断可以影响病原菌的形态和致病性（Wei 等，2004）。*gpdh* 突变株不能有效地利用葡萄糖和氨基酸作为碳源，从而影响其致病性。*GPDH* 基因编码 3－磷酸－甘油脱氢酶，该酶在 NAD 辅酶的催化作用下，催化 DHAP 还原为 G3P（Shen 等，2006）。突变株在补充外源甘油后则可以恢复该菌的形态和致病性。这表明，甘油在病原菌的代谢反应和致病机理中起着重要的作用。另外，他们还证明甘油能够从被感染的植物的叶片中转移至病原菌中。

稻瘟病真菌是一种侵害栽培稻最严重的真菌。它们利用附着器穿透植物表面的角质层结构来感染植物（De Jong，1997）。De Jong 等人（1997）研究发现，稻瘟病真菌（*Magnaporthe grisea*）利用甘油产生的膨压，借助这种物理压力来破坏水稻的角质层。附着器产生相当于汽车轮胎压力的 40 倍的膨压，其值高达 8.0MPa，这也是迄今为止在活体生物内发现的最大值。

他们测定了附着器发育不同时间内甘油的浓度，在孢子萌发和萌发管伸长的时候，迅速地产生大量的甘油。这时，甘油可能参与稻瘟病真菌生长发育过程中细胞膜结构的合成。在附着器形成的初期，甘油水平有所降低，但是在产生膨压的时候，细胞内的甘油浓度急剧地增加（De Jong，1997）。

稻瘟病真菌的附着器是黑色的，而不是这种颜色结构的附着器是不能产生膨压的，也不会产生致病性。Jong 研究发现，突变单个的稻瘟病真菌黑色素合成酶基因 *ALB*1 或 *RSY*1，导致形成非黑色结构的附着器。研究发现，这种结构内部甘油的水平低于正常致病性附着器内甘油的水平。因此，黑色素的形成与甘油的积累密切相关。

另外，Pappas 等人（2011）发现感染动物的伯氏疏螺旋体（*Borrelia burgdorferi*），在感染动物时利用甘油作为碳源，通过糖酵解产生能量保持最好的状态（max imalfitness）（Pappas 等，2011）。在伯氏疏螺旋体中，*glpD* 基因编码三磷酸甘油脱氢酶，其可调节甘油的代谢。*glpD* 突变体生长速度显著地低于野生型，其致病性也显著下降。

甘油在甘油激酶及 ATP 的参与下，分解甘油形成 3－磷酸甘油（G3P）。G3P 在辅酶 NAD^+ 的参与下，在磷酸甘油脱氢酶作用下生成磷酸二羟丙酮（DHAP），DHAP 随后参与三羧酸循环，另外 G3P 也可以穿梭进入叶绿体中，参与脂肪酸的形成过程（见图 6－1）。

甘油在动物和植物抗病中发挥着重要的作用，但是，甘油代谢在植物非寄主抗性中的作用还未知。因此，研究甘油代谢在非寄主抗性中的作用具有重要意义。

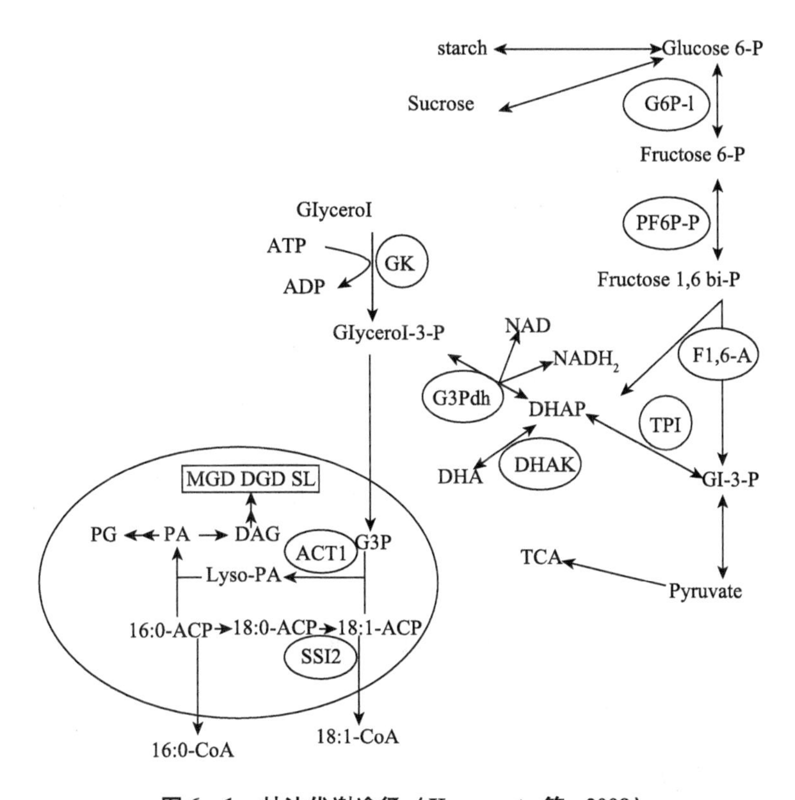

图 6－1　甘油代谢途径（Kawamoto 等，2009）

第二节　甘油及甘油代谢在拟南芥甘油激酶基因 *NHO*1 调控的非寄主抗性中的作用

甘油是生物细胞中广泛存在的一种代谢中间产物，参与生物的多种胁迫反应，包括非生物胁迫和生物胁迫（Aubert 等，1994）。在病原菌和植物的互作中，病原菌需要从植物中获取营养物质才能满足自身生存的需要。在某些情况下，甘油甚至可以作为病原微生物的唯一碳源物质。病原微生物中，甘油代谢途径的阻断可以影响该病原菌的形态和致病性（Wei 等，2004）。

假单胞菌的甘油操纵子调节甘油代谢过程。假单胞菌甘油操纵子包括 *GF*、*GK* 及 *GR* 3 个基因。其中，*GF* 基因的作用是促进细胞对甘油的吸收，有利于外部甘油进入细胞中；*GK* 基因编码甘油激酶，将甘油分解成三磷酸甘油，是甘油代谢中的关键酶；*GR* 是甘油操纵子中的负调控基因，负向调控甘油代谢。

前期的研究发现，拟南芥甘油激酶基因 *NHO*1 突变，导致了 *nho*1 突变体中积累了高浓度的甘油（见图 6－2）。鉴于甘油在微生物及植物免疫中的作用，著者研究了甘油及甘油代谢与甘油激酶基因（*NHO*1）在非寄主抗性中的作用以及甘油操纵子对假单胞菌 NPS3121 的影响。

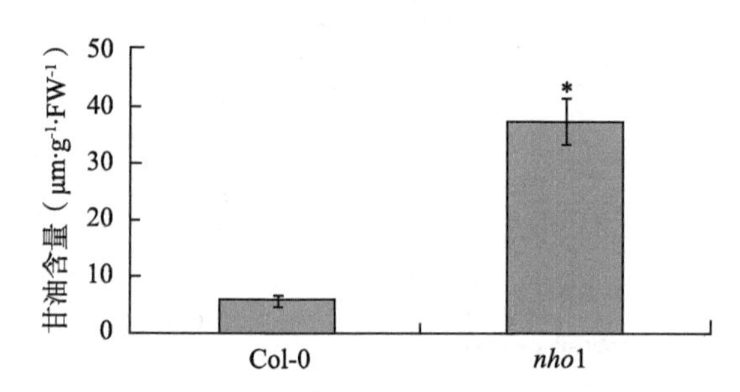

图 6－2　*nho*1 突变体积累高浓度甘油

注：＊P＜0.05，与 Col－0 比较。

一、原理与方法

（一）抗生素及浓度

常用抗生素的配制浓度及使用浓度如表 6－1 所示。

表 6－1　常用抗生素配制与使用浓度

抗生素	简称	贮存液（溶剂）	使用浓度
利福平	Rif	25mg/mL（甲醇）	50μg/mL
卡那霉素	Km	50mg/mL（H_2O）	50μg /mL
庆大霉素	Gm	1mg/mL（H_2O）	5μg /mL
大观霉素	Spc	50mg/mL（H_2O）	50μg /mL
四环素	Tc	1mg/mL（1/2H_2O，1/2 乙醇）	15μg /mL

（二）细菌培养基

LB 培养基（1L）：10g 蛋白胨，5g 酵母提取物，10g 氯化钠；调 pH 至

7.0，用于液体培养。固体培养基另加入15g琼脂粉。121℃，0.1Mpa，高压灭菌20min。然后4℃保存。

KBM培养基（1L）：20g蛋白胨D，1.8g KH_2PO_4，3g $MgSO_4$，20mL 40% Glycerol；调pH至7.0，用于液体培养。固体培养基另加入15g琼脂粉。121℃，0.1Mpa，高压灭菌20min。然后4℃保存。

TSA培养基（1L）：10g蛋白胨，10g蔗糖，1g谷氨酸钠；调pH至7.0，用于液体培养。固体培养基另加入15g琼脂粉。121℃，0.1Mpa，高压灭菌20min。然后4℃保存。

M9培养基（1L）：200mL 5×M9盐，20mL 20%葡萄糖，1mL $MgSO_4$（1mol/L），0.05mL $CaCl_2$（1mol/L）；调pH至7.0，用于液体培养。固体培养基另加入15g琼脂粉。5×M9盐的配制可参考《分子克隆指南》。121℃，0.1Mpa，高压灭菌20min。然后4℃保存。

（三）细菌的培养及保存

假单胞菌的培养：液体培养用KBM培养基，28℃，200rpm，培养15～20h；固体培养在28℃温箱培养2d。

大肠杆菌的培养：液体培养用LB培养基，37℃，200rpm，培养12～16h；固体培养在37℃温箱培养过夜。

菌种保存与复苏：短期的假单胞菌保存在含适当抗生素的KBM平板上，大肠杆菌保存在含适当抗生素的LB平板上，贮存在4℃冰箱，每4～6周重新画线接活；长期保存，将新鲜培养的过夜培养物与等体积的60%（V/V）灭菌甘油充分混合后贮存于－80℃超低温冰箱。用一灭菌牙签或吸管刮取固体冰碴片（仔细操作不要让其融化），然后在平板上画线。

（四）菌体在液体培养基中的生长速率测定

将待测菌株过夜培养，用KBM培养基调培养物浓度至 $OD_{600nm}=0.5$，以5%的接种量转接到200mL新鲜的含相应抗生素的KBM培养基、TSA培养基及M9培养基中，3个平行重复，28℃摇床培养，每6h取样测定 OD_{600nm} 值，直至 OD_{600nm} 值下降，结束测定，以生长时间为横坐标，以各时间所测得的

OD_{600nm}值为纵坐标，绘制生长曲线。

（五）细菌的结合实验

重组质粒在大肠杆菌 *DH5α* 与假单胞菌之间的转移可以通过帮助质粒 pRK2073 的作用实现接合转移。因为涉及 3 个菌株，所以称之为三亲本接合（triparental conjugation），具体操作包括：①菌体培养：分别将受体菌、供体菌（带有重组质粒的 *DH5α*）、帮助菌 *DH5α*/pRK2073 接种在含有适当抗生素的液体培养基中，培养过夜，OD_{600nm}值为 0.6～1.0 时进行接合实验。②三亲接合：按受体菌：帮助菌：供体菌 =2：1：2 的比例收集菌体，离心收集菌体，倒掉上清液，用生理盐水洗两次。然后用 KBM 培养基洗一次，倒掉上清液，用 50μL 生理盐水悬浮菌体，然后将菌体滴在 TSA 固体平板上，28℃倒置培养 24h。③接合子的筛选：用假单胞菌具有的抗性加上重组质粒上带有的抗性来筛选相应的转化子。将培养过夜的三亲接合菌体用 0.2mL KBM 培养基从滤膜上洗下，涂到含相应抗生素的 KBM 平板上，培养 2～3d，长出的菌落为接合子。

（六）假单胞菌在拟南芥叶片上增殖检测

将待测菌株在 KBM 培养基中加入适当的抗生素，28℃，200rpm 过夜培养至 OD_{600nm} =1.0 左右，4000rpm 收集菌体，再用等体积的 10mmol/L 的 $MgCl_2$ 溶液洗涤菌体两次。最后将菌体用 10mmol/L 的 $MgCl_2$ 溶液稀释至 OD_{600nm} = 0.0002（10^5cfu/mL），加入终浓度为 0.2% Silwet L－77。

采用生长至 3 周左右的野生型及突变体拟南芥进行接种实验。选择生长健壮、完全伸展开的叶片进行标记，用于真空渗透接种。用 1mL 的注射器，在叶片的背面轻轻将菌体注入叶片中，每组实验注射约 10 个独立的叶片。用纸巾将叶片上多余的菌液擦拭干净，用保鲜膜覆盖。接种 1h 后，每个样品取 3 个重复，放进已称重的 1.5mL EP 管中。然后再次称重，计算出每个 EP 管中叶片的重量。用电钻迅速地将叶片磨碎，瞬时离心 5s，然后用 10mmol/L 的 $MgCl_2$ 溶液将菌液稀释成适当的浓度，涂布在含 Rif 的 KBM 平板上，28℃培养约 36h，长出菌落，计算出 lg 值作为 0d 的对照组。同样接种 4d 后，每个材料取3个重复，然后磨碎样品，用10mmol/L的$MgCl_2$溶液稀释成适当浓度，涂布在含Rif的KBM平板上，待菌落长出后，计算出lg值。

（七）甘油处理对植物抗性的影响

配制50mmol/L的甘油溶液，选择生长健壮、完全伸展开的生长至3周左右的野生型及突变体拟南芥进行标记，用1mL的注射器，在叶片的背面轻轻将甘油注入叶片中。用纸巾将叶片上多余的液体擦拭干净，用保鲜膜覆盖。处理24h后，接种细菌。

（八）细菌甘油操纵子基因的克隆与序列分析

以甘油激酶*GK*基因的克隆为例，查阅GenBank中所提交的1448A GK氨基酸序列，设计1对*GK*基因扩增引物N－C，正向引物（N－C－F）序列为：5' － ATGACTGACACACAGAAC－3'，反向引物（N－C－R）序列为：5' － TCACTCTTCGTTTTCGTG－3'。按照试剂盒说明书提取NPS3121菌体基因组DNA，检测质量与浓度。以NPS3121基因组DNA为模板，进行PCR扩增。凝胶电泳检测PCR扩增产物，DNA回收纯化产物连接至克隆载体（pMD18－T），热激法将重组DNA分子转化至*DH5α*感受态细胞中，Amp抗性和X－gal/IPTG蓝白斑筛选阳性克隆，并进行酶切分析检测，挑选PCR检测与双酶切检测均为阳性的菌落，进行DNA序列测定。

利用DNAMAN和BioEdit软件对NPS3121 *GK*序列进行ORF查找与翻译。互联网数据库在线进行NPS3121 *GK*序列比对与蛋白性质分析。

（九）细菌甘油操纵子基因敲除突变体和回复突变体的构建

假单胞菌的甘油操纵子包括*GF*、*GK*及*GR* 3个基因。其中*GF*基因作用是促进细胞对甘油的吸收，有利于外部甘油进入细胞中；*GK*基因编码甘油激酶，将甘油分解成三磷酸甘油，是甘油代谢中的关键酶；*GR*是甘油操纵子中的负调控基因，负向调控甘油代谢。通过整合突变的方式，借助于辅助质粒，利用三亲本结合方式来实现对甘油操纵子基因的敲除。

以*GK*基因整合突变体pK18mob::*GK*和pLAFRJ::*GK*回复突变载体构建为例，介绍了假单胞菌NPS3121甘油操纵子基因*GF*、*GK*、*GR*的整合突变载体，以及这些突变体的回复突变载体构建的具体实验步骤（见图 6 – 3）。

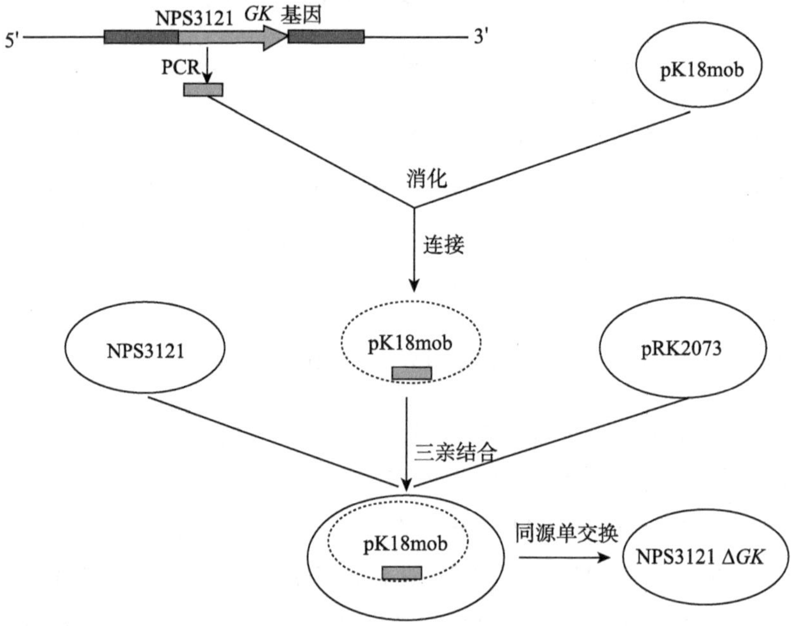

图 6 – 3　NPS3121 *GK* 基因敲除突变体构建流程（以 *GK* 基因为例）

整合突变后的突变体，采用回复突变的方式实现缺失基因的互补，从而再次恢复成野生型。

引物设计：在 NCBI 中查找假单胞菌 *Pseudomonas syringae* pv. *phaseolicola* 1448A 甘油操纵子 *GF*、*GK* 及 *GR* 基因。1448A 与 NPS3121 同源性高达 90% 以上，通过对 1448A 三个操纵子序列分析，设计了 NPS3121 的 *GF*、*GK* 及 *GR* 的基因，来扩增 *GF*、*GK* 及 *GR* 基因的片段序列及全长序列，进行整合突变和回复突变。其中回复突变扩增了起始密码子前面和终止密码子后面的一段区域。整合突变引物如表 6 – 2 所示。

表 6 – 2　整合突变载体构建所用引物

基因	引物	序列（5’ –3’）
GF	GF – F – EcoR I	CGGAATTCATCTGCATCATCTGGGGCATG
	GF – R – Bam HI	CGGGATCCTTCATGGCAAAACCGGTCAG

续表

基因	引物	序列（5'-3'）
GK	GK-F-EcoR I	GGGGAATTCGTCGAGCATGACCCGATGGA
	GK-R-Bam HI	GGGGGATCCTAGTCGGTGACGTGAACCTTG
GR	GR-Mu-Up	CCGGAATTCAGATCCTCGAACTGGTCCG
	GR-Mu-Dn	CGCGGATCCACCTCGAAATCATCCTTGG

整合突变验证引物如表6-3所示。

表6-3　整合突变验证引物

基因	引物	序列（5'-3'）
GF	pK18mob-F	CCCGCGCGTTGGCCGATTCA
	Com-GF-R	TGGGCGCAAAAATCGGAACC
GK	pK18mob-F	CCCGCGCGTTGGCCGATTCA
	Com-GK-R	TTTCGTGCGGTTCCCAGTCA
GR	pK18mob-F	CCCGCGCGTTGGCCGATTCA
	GR-T	CGCCCGAACTTGCTGGAGTCA

回复突变载体构建所用引物如表6-4所示。

表6-4　回复突变载体构建所用引物

基因	引物	序列（5'-3'）
GF	GF-B-F	TGCTCTAGAAACATGCCTTGATTCACGC
	GF-B-R	CCCAAGCTTGTCGATTGCCTTGCRTTGT
GK	GK-B-F	CGCGGATCCATCCCACYYAACAAYGCAAGG
	GK-B-R	CCCAAGCTTTGTTTTTCCTTGAGCGCCCTCTGC
GR	GR-B-F	TGCTCTAGAAGGATTCCGGCTGACAGGTC
	GR-B-R	CCCAAGCTTGAATGCAGWTCGCGRCGCT

基因扩增：根据设计好的引物，利用NPS3121菌体为模板，进行PCR扩增。

将所得的PCR目的产物于1%的琼脂糖凝胶下进行电泳，并切胶回收。

将回收的目的基因片段分别克隆到载体 pK18mob 和 pLAFRJ 上，酶切后的 PCR 产物及载体片段进行连接反应。

从保存菌种平板上挑取单菌落，接种于 2mL LB 培养基中，37℃培养过夜。次日取 0.5mL 培养物，加入 20mL LB 培养基中，37℃继续培养至 $OD_{600\ nm}=0.5\sim0.6$。取 1.4mL 菌液加入 1.5mL EP 管中，4℃离心收集菌体。用 500μL 0.1mol/L 冰冷的 $CaCl_2$ 重悬菌体，冰浴 30min，4℃离心收集菌体，用 200μL 0.1mol/L 冰冷的 $CaCl_2$ 重悬菌体，加入 50μL 60% 甘油，-70℃超低温冰箱保存备用。

从超低温冰箱中取出感受态菌种，冰上融化。在 100μL 感受态细胞中加入 20μL 连接液，冰浴 30min，42℃水浴热激 90s，取出后，冰上放置 2min。加入 800μL LB 培养基，37℃，200rpm 恢复培养 1h。最后 5000rpm 离心 5min，将菌液涂布于 LB + Kan50μg/mL 平板上，37℃倒置培养 12 ~ 16h。

从转化平板上随机挑取单菌落于 20μL 无菌的 ddH_2O 中形成菌悬液。吸取 5μL 菌悬液置于新的 200μL 的 PCR 管中，沸水浴 8min 使细菌裂解，进行 PCR 检测。1% 琼脂糖凝胶电泳检测 PCR 产物。

取菌落 PCR 检测剩余的 15μL 菌悬液接种于含有适当抗生素的 20mL LB 液体培养基中，37℃，200rpm 培养过夜，次日按照碱裂解法小量提取质粒。取 1.5mL 菌液至 EP 管中，12000rpm，离心 30s 收集菌体。用 500μL 冰冷的溶液 I 悬浮菌体，12000rpm 离心 2min。弃上清液，再悬于 200μL 溶液 I 中。加入 300μL 溶液 Ⅱ，冰浴 5min。加入 300μL 冰冷的溶液 Ⅲ，轻轻振荡 10s，冰浴 5min。12000rpm，离心 10min，取上清液至一新管中。加入 1μL RNaseA，37℃，温浴 30min。加入等体积饱和酚抽提 1 次，12000rpm，离心 5min。加入等体积氯仿抽提 1 次，12000rpm，离心 5min。加入 750μL 异丙醇，沉淀质粒 DNA，12000rpm，离心 10min。弃上清液，用 70% 乙醇洗涤沉淀，12000rpm，离心 5min。溶解至 30μL TE 缓冲液中，备用。

37℃，酶切 4h，然后 65℃，水浴 10min 以灭活限制性内切酶，1% 琼脂糖凝胶上电泳检查酶切效果。将构建好的载体 pK18mob：：*GF* 和 pLAFRJ：：*GK*，利用辅助质粒 pRK2073，通过三亲本结合的方式转化假单胞菌 NPS3121。

二、结果与分析

（一）甘油对植物抗性的影响

拟南芥 *NHO*1 基因编码一个甘油激酶，在 ATP 的参与下催化甘油形成 3 - 磷酸甘油（G3P）。前期的研究表明 *nho*1 突变体由于甘油激酶的突变，导致了 *nho*1 体内积累了高浓度的甘油，达到了 36μmol/L，是野生型植株体内甘油的 7 倍。而甘油在植物免疫中发挥了重要的作用。通过外源施加甘油以后，发现 Col - 0 和 *gpdhc* 抗性都有降低，达到极显著性水平差异。*nho*1 和 *nho*1/*gpdhc* 外源施加甘油以后，对其抗性没有影响（见图 6 - 4）。说明 *nho*1 和 *nho*1/*gpdhc* 中高浓度的甘油对其非寄主抗性有负调控作用。

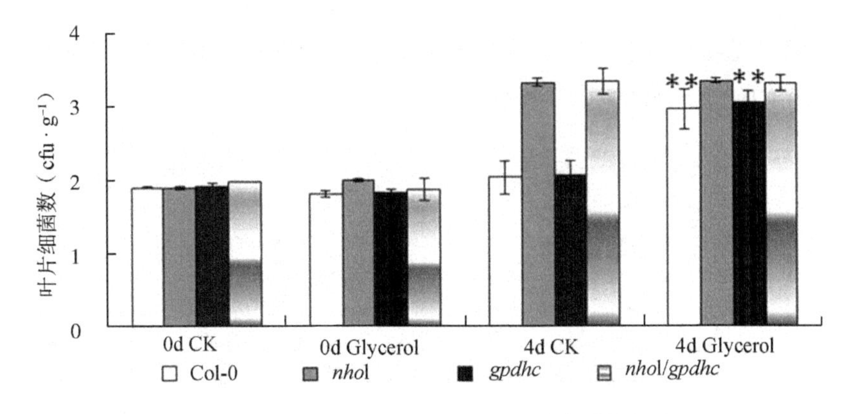

图 6 - 4　外源施加甘油对拟南芥非寄主抗性影响

注：* * P < 0. 001，所有的材料 4d 甘油处理细菌数值分别与其 4d CK 组进行比较。

（二）假单胞菌甘油操纵子基因的克隆与生物信息学分析

以假单胞菌 NPS3121 甘油激酶（glycerol kinase，GK）为例，介绍假单胞菌甘油操纵子基因的克隆与生物信息学分析结果。

首先，提取 NPS3121 基因组 DNA，采用琼脂糖凝胶电泳分析提取的 DNA 质量，凝胶电泳结果显示，DNA 条带整齐、显著，无弥散拖尾现象（见图 6 - 5（a）），核酸蛋白分析仪检测显示 $OD_{260nm}/OD_{280nm}=1.95$。说明提取的 DNA 杂质含量较低，质量较好。

以 NPS3121 基因组 DNA 为模板，进行 PCR 扩增反应，得到了 1 条约 1.5kb 的特异性条带（见图6－5（b））。

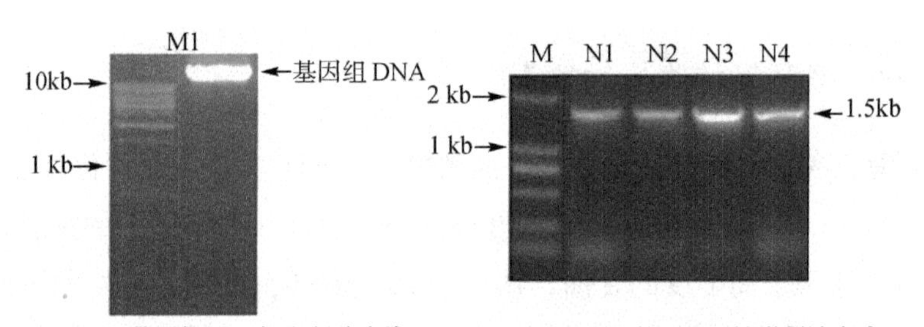

（a）NPS3121基因组DNA提取凝胶电泳　（b）NPS3121GK基因PCR扩增凝胶电泳

图 6－5　NPS3121 基因组 DNA 的提取与 GK 基因的克隆凝胶电泳

注：M 为 DL 2000 DNA 分子质量标准；N1～N4 为目的片段扩增结果。

测序结果表明，NPS3121 *GK* 全长 1506 bp，可编码 1 个含 501 个氨基酸序列的 ORF（见图6－6）。BLAST 比对结果发现，NPS3121 *GK* 与 1448A *GK* 核苷酸与蛋白相似性均为 99%。

```
   1 M  T  D  T  Q  N  K  N  Y  I  I  A  L  D  Q  G  T  T  S  S  R  A  I  I  F  D  R  D  A  N
   1 ATGACTGACACACAGAACAAGAACTACATCATTGCTCTTGACCAGGGCACCACCAGCTCGCGCGCCATTATTTTCGACCGCGATGCCAAC
  31 V  V  S  T  A  Q  S  E  F  V  Q  H  Y  P  Q  A  G  W  V  E  H  D  P  M  E  I  F  A  T  Q
  91 GTGGTGAGCACTGCCCAAAGCGAATTCGTACAGCACTATCCGCAGGCAGGCTGGGTCGAGCATGACCCGATGGAAATCTTTGCCACCCAG
  61 T  A  C  M  T  K  A  L  A  Q  A  D  L  H  H  N  Q  I  A  A  I  G  I  T  N  Q  R  E  T  T
 181 ACGGCCTGCATGACCAAGGCGCTGGCGCAGGCCGATCTGCACCACAACCAGATCGCCGCCATCGGTATCACCAACCAGCGTGAAACCACG
  91 V  I  W  E  R  D  T  G  R  P  I  Y  N  A  I  V  W  Q  C  R  R  S  T  E  I  C  Q  Q  L  K
 271 GTCATCTGGGAGCGCGACACCGGCCGCCCGATCTACAACGCAATCGTCTGGCAGTGCCGCCGCAGCACCGAGATCTGCCAGCAGCTCAAG
 121 R  D  G  L  E  E  Y  I  K  D  T  T  G  L  V  I  D  P  Y  F  S  G  S  K  V  K  W  I  L  D
 361 CGCGACGGTCTTGAGGAGTACATCAAGGACACCACAGGTCTGGTGATTGACCCGTACTTCTCCGGCTCCAAGGTCAAGTGGATTCTGGAC
 151 N  V  E  G  S  R  E  R  A  R  K  G  E  L  M  F  G  T  I  D  T  W  L  I  W  K  F  T  G  G
 451 AACGTCGAAGGCAGCCGCGAGCGCGCCCGCAAAGGCGAGCTGATGTTCGGCACCATCGATACCTGGCTGATCTGGAAATTCACCGGCGGC
 181 K  V  H  V  T  D  Y  T  N  A  S  R  T  M  L  F  N  I  H  T  L  E  W  D  Q  R  M  L  D  V
 541 AAGGTTCACGTCACCGACTACACCAACGCCTCGCGGACCATGCTGTTCAATATCCATACGCTGGAATGGGATCAGCGCATGCTCGACGTG
 211 L  D  I  P  R  E  I  L  P  E  V  K  A  S  S  E  V  Y  G  H  S  K  S  G  I  P  I  A  G  I
 631 CTGGACATCCCGCGCGAGATACTGCCAGAGGTCAAAGCCTCCTCCGAGGTCTACGGCCACAGCAAGAGCGGCATCCCGATTGCCGGTATC
 241 A  G  D  Q  Q  A  A  L  F  G  Q  M  C  V  E  P  G  Q  A  K  N  T  Y  G  T  G  C  F  L  L
 721 GCAGGCGACCAACAGGCGGCGTTGTTCGGCCAGATGTGTGTCGAACCCGGCCAGGCCAAGAACACCTACGGCACCGGCTGCTTCCTGCTG
 271 M  N  T  G  K  K  A  V  K  S  A  Q  G  M  L  T  T  I  G  C  G  P  R  G  E  V  A  Y  A  L
 811 ATGAACACCGGCAAGAAAGCGGTGAAATCGGCGCAGGGCATGCTGACTACCATTGGCTGCGGGCCTCGCGGTGAAGTGGCTTATGCACTG
 301 E  G  A  V  F  N  G  G  S  T  V  Q  W  L  R  D  E  L  K  L  I  N  D  A  L  D  T  E  Y  F
 901 GAAGGTGCCGTGTTCAACGGTGGCTCGACCGTGCAGTGGCTGCGCGACGAACTCAAACTCATCAACGACGCGCTGGACACCGAATACTTT
 331 A  S  K  V  K  D  S  N  G  V  Y  L  V  P  A  F  T  G  L  G  A  P  Y  W  D  P  Y  A  R  G
 991 GCCAGCAAGGTCAAGGACAGCAACGGCGTGTATCTGGTGCCCGCGTTCACCGGTCTGGGTGCGCCCTACTGGGACCCGTATGCACGAGGC
 361 A  L  F  G  L  T  R  G  V  K  V  D  H  I  I  R  A  A  L  E  S  I  A  Y  Q  T  R  D  V  L
1081 GCACTGTTCGGCCTGACCCGTGGCGTGAAGGTTGATCACATCATCCGTGCTGCGCTGGAATCCATCGCTTACCAGACCCGCGACGTACTT
 391 D  A  M  Q  Q  D  S  G  E  R  L  K  S  L  R  V  D  G  G  A  V  A  N  N  F  L  M  Q  F  Q
1171 GATGCCATGCAGCAGGACTCCGGCGAACGCCTCAAGTCACTGCGCGTGGACGGCGGTGCCGTGGCCAACAACTTCCTGATGCAGTTCCAG
 421 A  D  I  L  G  T  H  V  E  R  P  Q  M  R  E  T  T  A  L  G  A  A  F  L  A  G  L  A  I  G
1261 GCGGACATTCTCGGCACCCACGTCGAACGCCCGCAAATGCGTGAAACAACAGCCTTGGGCGCCGCGTTCCTGGCCGGTCTGGCGATCGGG
 451 F  W  S  S  L  D  E  L  R  N  K  A  V  I  E  R  V  F  E  P  S  C  E  E  A  H  R  E  K  L
1351 TTCTGGAGCAGCCTGGACGAGTTGCGCAACAAGGCGGTGATCGAGCGCGTGTTCGAACCTTCCTGCGAAGAGGCCCACCGCGAGAAACTC
 481 Y  A  G  W  Q  K  A  V  A  R  T  R  D  W  E  P  H  E  N  E  E  *
1441 TACGCGGGCTGGCAAAAAGCTGTCGCGCGCACCCGTGACTGGGAACCGCACGAAAACGAAGAGTGA
```

图 6－6　NPS3121 *GK* 核苷酸及编码的氨基酸序列

将 NPS3121 GK 的氨基酸序列提交瑞士生物信息学研究中心蛋白质专业分

析系统，进行在线蛋白质等电点及分子量预测分析，结果表明，NPS3121 GK 蛋白等电点为 5. 44，相对分子质量为 55800。

将 NPS3121 GK 蛋白通过 CBS 网站的 SignalP V3. 0 World Wide Web Server 进行信号肽切割位点预测。结果发现，NPS3121 GK 信号肽切割位点在 N－端第 1 位与第 32 位氨基酸残基之间，成熟蛋白质为 469 个氨基酸。

将 NPS3121 GK 的氨基酸序列提交至国际生物测量学与进化生物学实验室及蛋白质生物学和化学研究所的蛋白质二级结构在线数据库，进行 NPS3121 GK 成熟蛋白的二级结构预测分析，结果发现，NPS3121 GK 质富含无规卷曲，含量为 54. 89%；α－螺旋含量为 23. 35%；β－折叠含量为 21. 76%。

（三）假单胞菌甘油操纵子基因整合突变体和回复突变体的构建

为了进一步分析 NPS3121 甘油操纵子对其非寄主致病力的影响，著者构建了假单胞菌甘油操纵子基因整合突变体和回复突变体。

采用 PCR 方法扩增假单胞菌甘油操纵子基因，利用设计的 *GF* 基因上下游引物，扩增出了假单胞菌甘油操纵子 *GF* 基因的内部一段区域，进行 *GF* 基因的整合突变。成功扩增出甘油操纵子基因部分片段。

构建好的 pK18mob：：*GF* 载体和 pLAFRJR：：*GK* 阳性转化子，随机挑取单菌落，以菌体为模板，进行菌落 PCR 检测，凝胶电泳结果显示每一泳道均扩出目标条带，与预期大小相符（见图 6－7（a）和图 6－7（b））。

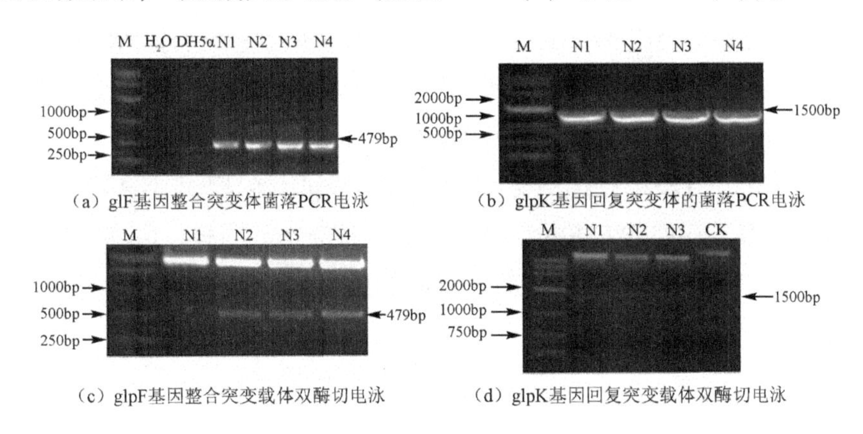

（a）glF基因整合突变体菌落PCR电泳　（b）glpK基因回复突变体的菌落PCR电泳

（c）glpF基因整合突变载体双酶切电泳　（d）glpK基因回复突变载体双酶切电泳

图 6－7　甘油操纵子基因整合突变体菌落 PCR 与双酶切验证电泳

提取碱裂解法少量转化子质粒，进行双酶切，电泳结果显示与预期结果相符（见图 6－7（c）和图 6－7（d））。

将构建好的载体 pK18mob：：*glpF* 和 pLAFRJR：：*glpK* 进行三亲本结合实验，利用预先设计的检测引物，对三亲本结合实验长出的转化子进行 PCR 检测，结果发现，通过三亲本结合实验成功构建了 NPS3121 甘油操纵子整合突变体与回复突变体，电泳结果如图 6－8 所示。

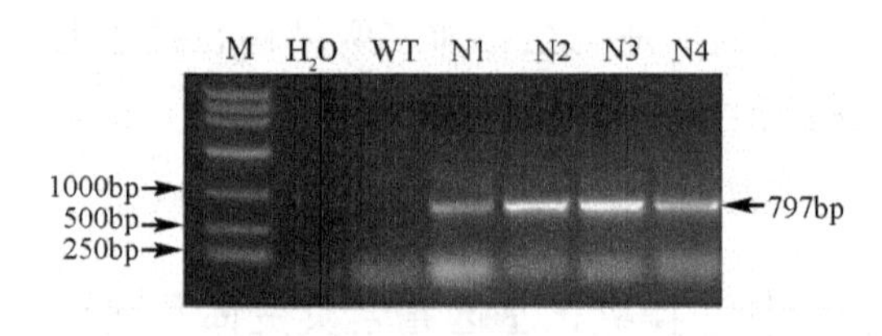

图 6－8　甘油操纵子基因整合突变体三亲本结合

（四）甘油操纵子缺失对假单胞菌的影响

1. 假单胞菌在液体培养基中生长速率

为了分析甘油操纵子对假单胞菌 NPS3121 生长的影响，比较了甘油操纵子突变菌株△*GF*、△*GK* 和△*GR* 在丰富培养基 KBM（含有甘油）与基本培养基（M9）中的生长情况。

研究发现在 M9 培养基平中，NPS3121、NPS3121△*GK* 及 NPS3121△*GK*/pLA 均生长良好，说明 NPS3121△*GK* 不是营养缺陷型；突变体 NPS3121△*GK* 与野生型相比，生长明显变慢，而互补菌 NPS3121 △*GK*/pLA 的生长基本得到恢复，与野生型相比没有区别（见图 6－9（a））。

NPS3121、NPS3121△*GK* 及 NPS3121△*GK*/pLA 在 KBM 丰富培养基中的生长速率明显高于在 M9 基本培养基中的生长速率。同样，*GK* 缺失突变体生长速率显著低于野生型，回复突变体的生长速率基本正常（见图 6－9（b））。

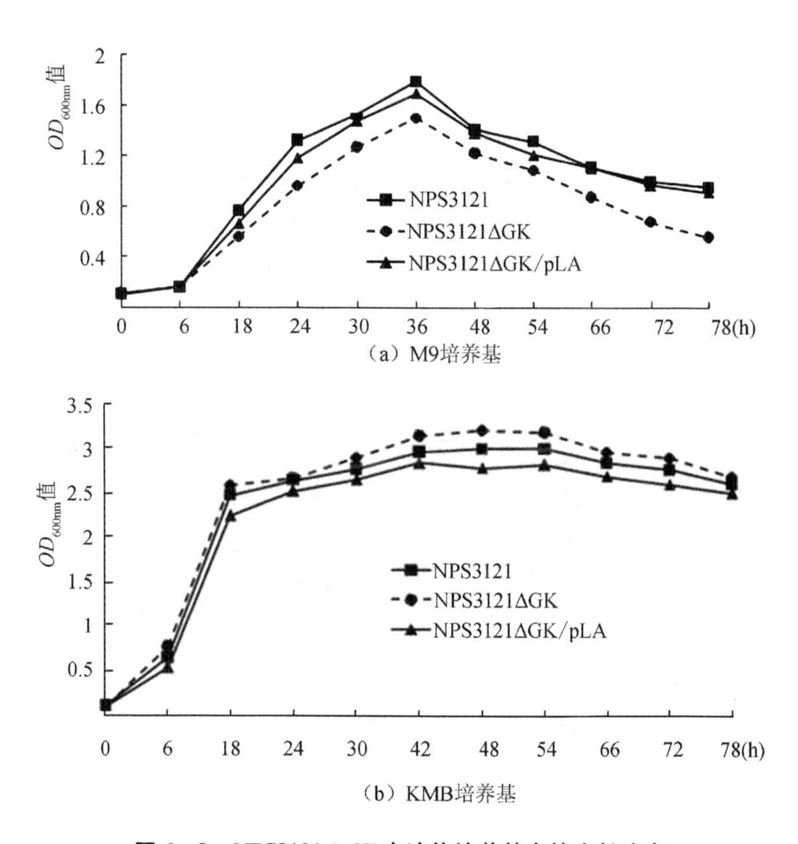

（a）M9培养基

（b）KMB培养基

图6－9　NPS3121△*GK*在液体培养基中的生长速率

进一步探究发现在M9培养基中，NPS3121、NPS3121△*GF*及NPS3121△*GF*/pLA均生长良好，说明NPS3121△*GF*不是营养缺陷型；突变体NPS3121△*GF*与野生型相比，生长明显变慢，而互补菌NPS3121△*GF*/pLA的生长基本得到恢复，与野生型相比没有区别（见图6－10（a））。

NPS3121、NPS3121△*GF*及NPS3121△*GF*/pLA在KBM丰富培养基中的生长速率明显高于在M9基本培养基中的生长速率。同样，*GF*缺失突变体生长速率显著低于野生型，回复突变体的生长速率基本正常（见图6－10（b））。

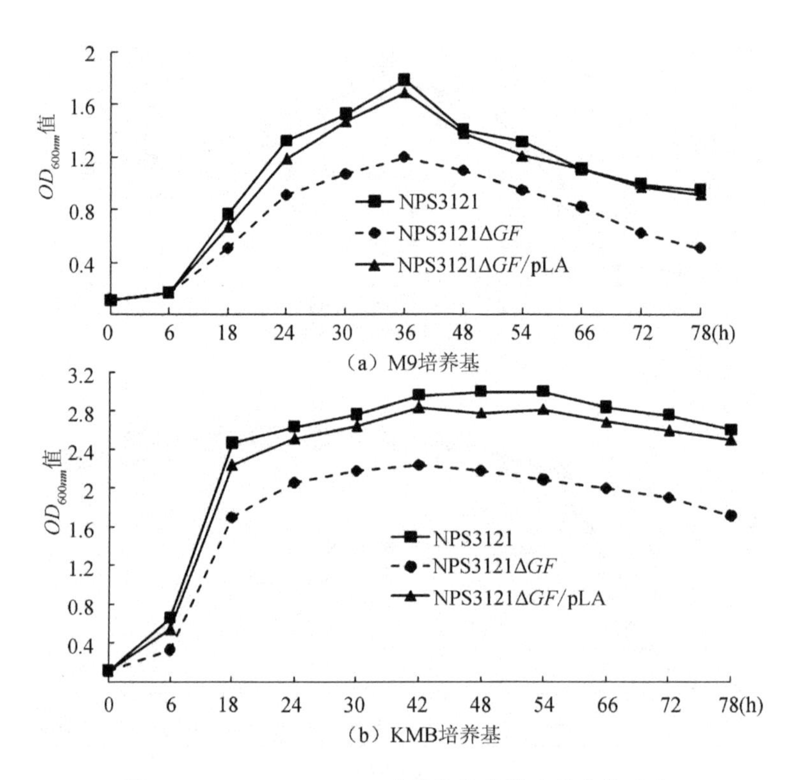

图6－10　NPS3121△*GF*在液体培养基中的生长速率

研究发现，在M9培养基平中，NPS3121、NPS3121△*GR*及NPS3121△*GR*/pLA均生长良好，说明NPS3121△*GR*不是营养缺陷型；突变体NPS3121△*GR*与野生型相比，生长明显加快，而互补菌NPS3121△*GR*/pLA的生长速率与野生型相比没有区别（见图6－11（a））。

NPS3121、NPS3121△*GR*及NPS3121△*GR*/pLA在KBM丰富培养基中的生长速率明显高于在M9基本培养基中的生长速率。同样，*GR*缺失突变体生长速率显著高于野生型，回复突变体的生长速率基本正常（见图6－11（b））。

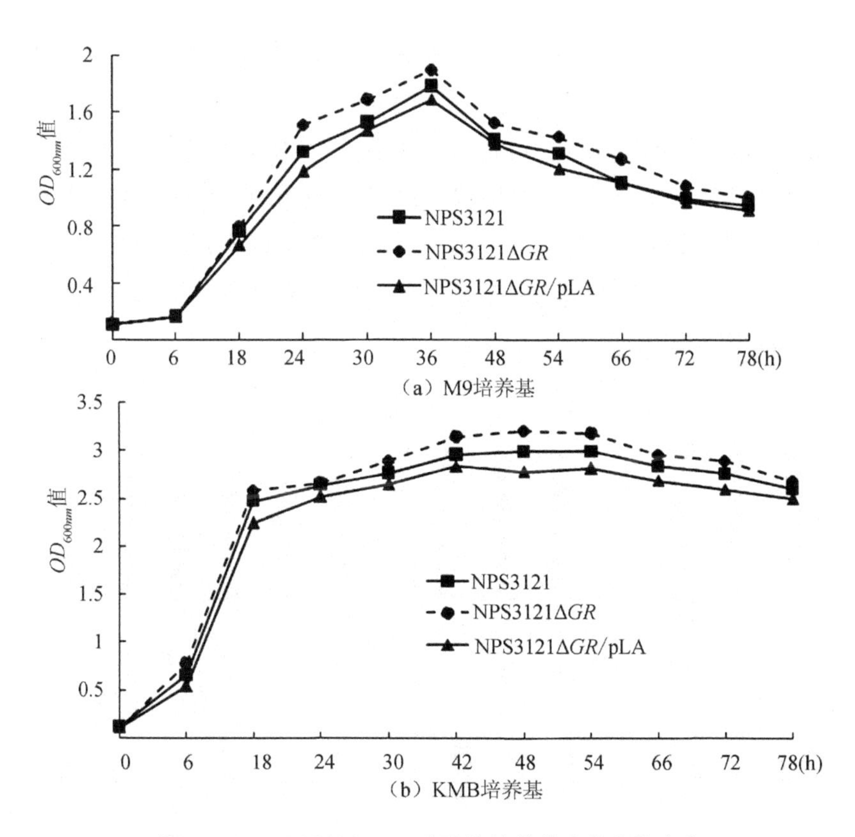

图 6－11 NPS3121△*GR* 在液体培养基中的生长速率

2. 假单胞菌在拟南芥叶片上的增殖特性

为了验证假单胞菌甘油操纵子突变体对拟南芥非寄主抗性的影响，将假单胞菌及其突变体接种 3 周大小正常培养的拟南芥 Col－0、*nho*1、*gpdhc* 和 *nho*1/*gpdhc*，4d 后取样，统计细菌克隆数。结果发现，接种野生型拟南芥，NPS3121△*GF* 突变菌 4d 后显著降低，回复后的菌株可以回复至野生型水平。NPS3121△*GK*、NPS3121△*GR* 突变菌与野生型没有区别（见图 6－12）。

接种拟南芥 *nho*1 突变体，4d 后统计发现，与 0d CK 相比，细菌数量均会增加。其中 NPS3121△*GK*、NPS3121△*GF* 突变菌在 4d 细菌数量相比于 NPS3121 野生型菌株，显著降低，回复后的菌株可以回复至野生型 NPS3121 水平。NPS3121△*GR* 突变菌与野生型 NPS3121 没有区别（见图 6－12（b））。

接种拟南芥 *gpdhc* 突变体，4d 后统计发现，NPS3121△*GF* 突变菌 4d 后显著降低，回复后的菌株可以回复至野生型水平。NPS3121△*GK*、NPS3121△*GR*

突变菌与野生型没有区别。细菌生长整体水平与接种野生型 Col－0 类似（见图 6－12）。

接种拟南芥 *nho1/gpdhc*，4d 后统计发现，与 0d CK 相比，细菌数量均会增加。其中 NPS3121 △*GK*、NPS3121 △*GF* 突变菌在 4d 细菌数量相比于 NPS3121 野生型菌株，显著降低，回复后的菌株可以回复至野生型 NPS3121 水平。NPS3121 △*GR* 突变菌与野生型 NPS3121 没有区别。细菌生长整体水平与接种 *nho1* 突变体类似。

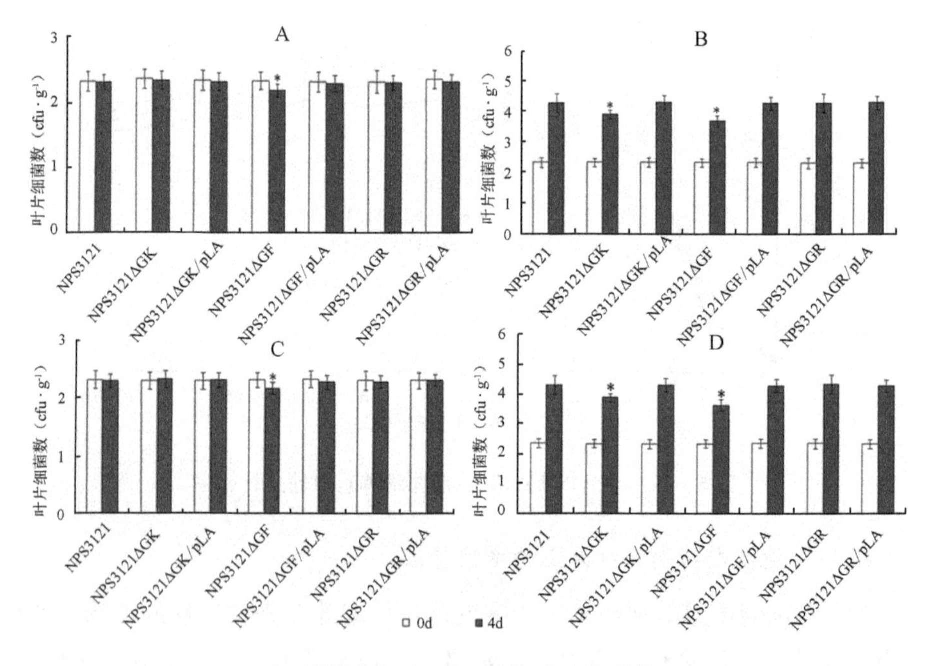

A：接种 Col－0；B：接种 *nho1* 突变体；

C：接种 *gpdhc* 突变体；D：接种 *nho1/gpdhc* 突变体

图 6－12　NPS 3121 及其甘油操纵子突变菌在拟南芥叶片上的克隆数

注：＊P < 0.05，与野生型 NPS3121 相比较。

三、讨　　论

（一）甘油与植物抗性

甘油是生物细胞中广泛存在的一种代谢中间产物，参与生物的多种胁迫反应，包括非生物胁迫和生物胁迫反应。在病原菌和植物的互作中，病原菌需要从植物中获取营养物质才能满足自身生存的需要。在某些情况下，甘油甚至可以作为病原微生物的唯一碳源物质。在病原微生物中，甘油代谢途径的阻断可以影响病原菌的形态和致病性。*gpdh* 突变株不能有效地利用葡萄糖和氨基酸作为碳源，并影响其致病性（Wei 等，2004）。*GPDH* 基因编码 3 - 磷酸甘油脱氢酶，该酶催化 DHAP 还原为 G3P。突变株在补充外源甘油后则可以恢复该菌的形态和致病性。这表明，甘油在病原菌的代谢反应和致病机理中起着重要的作用。非常重要的是，他们还证明甘油能够从被感染的植物叶片中转移至病原菌中。

稻瘟病真菌是一种侵害栽培稻最严重的真菌。它们利用附着器穿透植物表面的角质层结构来感染植物。De Jong 研究发现，稻瘟病真菌（*Magnaporthe grisea*）利用甘油产生的膨压，借助这种物理压力来破坏水稻的角质层（De Jong，1997）。他们测定了附着器发育不同时间内甘油的浓度，在孢子萌发和萌发管伸长的时候，迅速地产生大量的甘油。这时甘油可能参与稻瘟病生长发育过程中细胞膜结构的合成。在附着器形成的初期甘油水平有所降低，但是在膨压产生的时候，细胞内的甘油浓度会急剧增加。

另外，伯氏疏螺旋体（*Borrelia burgdorferi*）在感染动物时利用甘油作为碳源，通过糖酵解产生能量保持最好的状态（maximal fitness）。在伯氏疏螺旋体中，*glpD* 基因编码 3 - 磷酸甘油脱氢酶，调节甘油的代谢（Pappas 等，2011）。△*glpD* 突变体生长速度显著地低于野生型，其致病性也显著下降。

在研究中发现，补充外源的甘油有利于细菌 NPS3121 的生长，导致拟南芥 Col - 0 和 *gpdhc* 突变体的非寄主抗性降低。因为甘油可以直接作为或者间接作为微生物的碳源，为其生长提供营养物质。因此，外源施加甘油后直接导致了细菌数量的迅速增长。在突变体 *nho*1 中，积累了高浓度的甘油，当接种非寄主细菌 NPS3121 后，细菌利用植物体内高浓度的甘油，迅速生长，导致 *nho*1 非寄主抗性的降低。另外，高浓度的甘油可导致 *nho*1 细胞内膨压增加，ROS 含量也相应增加。

（二）甘油调控子

在细菌中，*GF* 基因编码一个细胞膜蛋白，促进细胞对外部甘油的吸收

(Sanders 等，1997；Sweet 等，1990)；*GK* 基因编码一个甘油激酶，催化甘油转化成 G3P，从而降低细胞内甘油的含量，进而促进外源的甘油进入细胞 (Pettigrew 等，1988)；*GR* 基因编码一个负调控因子，负向调节甘油操纵子 (Schweizer 和 Po，1996)。近年来假单胞菌 *phaseolicola* 1448A 的基因组测序已完成 (Joardar 等，2005)，其核苷酸序列和基因注释已成为公共资源，因此借助三亲本结合技术完成对假单胞菌 NPS3121 甘油操纵子基因整合突变。

GK 是甘油代谢中的关键酶，已在多种细胞中被克隆出来，已对其进行了深入的研究。在植物中，*NHO*1 基因编码一个 GK，被认为是抵御多重复合非宿主病原菌 *P. syringase* 的关键基因，具有对非寄主病原菌的非特异抗性。在拟南芥对非寄主病原菌产生的"基因对基因"抗性中，*NHO*1 亦不可缺少，其参与调控拟南芥对病原菌的抗性过程 (Kang 等，2003)。

在多种微生物细胞中，如大肠杆菌 (*Escherichia coli*)、酿酒酵母 (*Saccharomyces cerevisiae*)、枯草芽孢杆菌 (*Bacillus subtilis*)、栖热菌属 (*Thermus flavus*) 及黄杆菌属 (*Flavobacterium meningosepticum*) 的 *GK* 基因已先后被克隆出来，进行了原核表达，并分析了酶的结构和性质 (Miyamoto 等，2012；Fukuda 等，2016)。发现 GK 属于 ATP 酶系，包含活性二聚体，活性四聚体 (四聚体Ⅱ) 和钝化四聚体 (四聚体Ⅰ) 3 种形式，且处于动态平衡之中。GK 具有一个开放式游离配体结构的高活性位点，以充分闭合形式连接甘油，然后催化甘油形成 3－磷酸甘油 (Law 和 Sargent，2014；Agosto 和 Mccabe，2006)。

在丁香假单胞菌属中，GK 的研究还非常少，2003 作为植物与微生物互作的模式菌株 *Pseudomonas syringae* pv. *tomato* DC3000 全基因组序列已被报道，并鉴定出 298 个致病毒性基因 (Feil 等，2005)。但是目前还未见有关 *Pseudomonas syringae* pv. *phaseolicola* NPS3121 GK 的报道，且功能还未知，因此，根据 GenBank 中已公布的 1448A GK 氨基酸序列，根据同源克隆的方法，著者克隆了 NPS3121 *GK* 基因 cDNA 区域，利用生物信息学方法分析了其序列特征。再利用插入突变的方法，敲除了 NPS3121 *GK* 基因，探讨了 *GK* 基因缺失对 NPS3121 的影响。

研究发现，在 NPS3121 中 *GK* 基因编码一个含 501 个氨基酸残基的 ORF。

蛋白的分子量约为56kD，成熟蛋白为469个氨基酸残基，二级结构中无规卷曲含量高达54.89%。通过敲除NPS3121*GK*后，菌株在基本培养基和丰富培养基中的生长速率显著低于野生型，而回复突变体的生长速率基本回复正常。另外，GK的缺失导致突变体中积累高浓度的甘油，而过高浓度的甘油对菌体有一定的抑制作用，这可能是突变体在培养基中生长缓慢的原因。

GK作为甘油代谢中的关键酶，在医学、工业以及农业中具有广阔的应用前景。GK是甘油三酯测定试剂盒中的关键酶之一，在临床上被用来诊断心血管系统疾病。在工业中，甘油是一种重要的化工原料，其生产方法一直是研究的热点之一。利用微生物的甘油代谢反应，通过发酵方法生产的甘油，比化学合成法具有多方面的优势。在发酵过程中，GK的调控是关键的一步。在农业生产中，GK广泛参与调控植物的抗病、抗逆等多种生物胁迫与非生物胁迫反应。

著者利用在线数据库对假单胞菌 *Phaseolicola* 1448*A* 甘油操纵子蛋白质分子量、等电点及二级结构进行预测与分析。*GF* 基因编码的蛋白分子量为31.55kD，等电点为6.94，接近中性。信号肽的切割位点位于N端的第7个氨基酸残基处；该蛋白富含无规则卷曲（Random coil），达56.67%，其次是β-折叠（Extended strand），含量为22%；剩下的是阿尔法螺旋（Alpha helix），达21.33%。另外，该蛋白是1个具有7个跨膜结构域的蛋白，位于细胞膜上，与其功能是相符合的，促进细胞外甘油往细胞内运输。

GK 基因编码的蛋白分子量为55.83kD，等电点为5.5，偏酸性。信号肽的切割位点位于N端的第32个氨基酸残基处；该蛋白富含无规则卷曲（Random coil），达56.09%，其次是阿尔法螺旋（Alpha helix），达32.34%；最低的是β-折叠（Extended strand），含量为11.58%。该蛋白没有跨膜结构域，应位于细胞质中，与其功能相符合，分解甘油成三磷酸甘油。

GR 基因编码的蛋白最小，分子量为27.75 kD，等电点为5.42，偏酸性。信号肽的切割位点位于N端的第15个氨基酸残基处；该蛋白富含阿尔法螺旋（Alpha helix），达45.02%，其次是无规则卷曲（Random coil），达42.63%；β-折叠（Extended strand），含量最低为12.35%。该蛋白没有跨膜结构域，位于细胞质中，负向调节甘油操纵子。

通过对假单胞菌NPS3121进行整合突变，获得了 *GF*、*GK*、*GR* 基因的突变菌株及互补菌株。对突变菌株液体培养发现，NPS3121△*GF* 和 NPS3121△*GK* 突变菌株生长都受到了抑制，说明甘油操纵子影响细菌的生长发育等生理过程，但不是致命的，在基本培养基中还可以生长。

另外，对这些病原菌突变菌接种野生型拟南芥及其突变体的研究，发现，在野生型拟南芥及 *gpdhc* 叶片上，4d 后，NPS3121△*GF* 突变菌数量显著下降，可能影响了细菌对外部甘油的吸收，导致细菌不能有效地利用植物中的甘油或者其他营养物质，细菌数量下降。在拟南芥 *nho*1 和 *nho*1/*gpdh*c 中，NPS3121△*GK* 和 NPS3121△*GF* 接种 4d 后，菌的数量都显著下降。在 *nho*1 和 *nho*1/*gpdhc* 中均积累着高浓度的甘油，有利于细菌的生长，因此，4d 后细菌数量相比较于 0d 而言，还是增加，但是由于甘油激酶及促进甘油吸收的蛋白突变，导致细菌甘油代谢效率下降，因此突变株细菌相比较于野生型细菌，4d 后的数量显著降低。

综上所述，甘油操纵子对于细菌生长是必需的，其不仅影响假单胞菌的生长发育，同时也影响假单胞菌的致病性。

参考文献

[1] Agosto J A, Mccabe E R. Conserved family of glycerol kinase loci in *Drosophila melanogaster* [J]. Molecular Genetics and Metabolism, 2006, 88 (4): 334 - 345.

[2] Aubert S, Gout E, Bligny R, et al. Multiple effects of glycerol on plant cell metabolism. Phosphorus - 31 nuclear magnetic resonance studies [J]. Journal of Biological Chemistry, 1994, 269 (34): 21420 - 21427.

[3] De Jong J C, Mccormack B J, Smirnoff N, et al. Glycerol generates turgor in *rice blast* [J]. Nature, 1997, 389 (6648): 244 - 245.

[4] Eastmond P J. Glycerol - insensitive *Arabidopsis* mutants: *gli*1 seedlings lack glycerol kinase, accumulate glycerol and are more resistant to abiotic stress [J]. Plant Journal, 2004, 37 (4): 617 - 625.

[5] Feil H, Feil W S, Chain P, et al. Comparison of the complete genome sequences of *Pseudomonas syringae* pv. *syringae* B728a and pv. *tomato* DC3000 [J]. Proceedings of the National Academy of Sciences of the United States of America, 2005, 102 (31): 11064 - 11069.

[6] Fukuda Y, Abe A, Tamura T, et al. Epistasis effects of multiple ancestral - consensus ami-

no acid substitutions on the thermal stability of glycerol kinase from *Cellulomonas* sp. NT3060 [J]. Journal of Bioscience and Bioengineering, 2016, 121 (5): 497 – 502.

[7] Izawa S, Sato M, Yokoigawa K, et al. Intracellular glycerol influences resistance to freeze stress in *Saccharomyces cerevisiae*: analysis of a quadruple mutant in glycerol dehydrogenase genes and glycerol – enriched cells [J]. Appl Microbiol Biotechnol, 2004, 66: 108 – 114.

[8] Joardar V, Lindeberg M, Jackson R W, et al. Whole – genome sequence analysis of *Pseudomonas syringae* pv. *phaseolicola* 1448A reveals divergence among pathovars in genes involved in virulence and transposition [J]. Journal of Bacteriology, 2005, 187 (18): 6488 – 6498.

[9] Kang L, Li J, Zhao T, et al. Interplay of the Arabidopsis nonhost resistance gene *NHO*1 with bacterial virulence [J]. Proceedings of the National Academy of Sciences of the United States of America, 2003, 100 (6): 3519 – 3524.

[10] Kawamoto S, Yamada T, Tanaka A, et al. Distinct subcellular localization of NAD – linked and FAD – linked glycerol – 3 – phosphate dehydrogenases in N – alkane – grown Candida tropicalis [J]. FEBS Letters, 1979, 97 (2): 253 – 256.

[11] Law S H W, Sargent T D. The serine – threonine protein kinase PAK4 is dispensable in *zebrafish*: identification of a morpholino – generated *pseudophenotype* [J]. PLOS ONE, 2014, 9 (6): e100268.

[12] Miyamoto M, FuruichiI Y, KomiyamaA T, et al. The high – osmolarity glycerol – and cell wall integrity – MAP kinase pathways of *Saccharomyces cerevisiae* are involved in adaptation to the action of killer toxin HM – 1 [J]. Yeast, 2012, 29 (11): 475 – 485.

[13] Pappas C J, Iyer R, Petzke M M, et al. Borrelia burgdorferi Requires Glycerol for Maximum Fitness During The Tick Phase of the Enzootic Cycle [J]. PLOS Pathogens, 2011, 7 (7): e1002102.

[14] Pettigrew D W, Ma D P, Conrad C A, et al. *Escherichia coli* glycerol kinase. Cloning and sequencing of the glpK gene and the primary structure of the enzyme [J]. Journal of Biological Chemistry, 1988, 263 (1): 135 – 139.

[15] Sadava D, Moore K. Glycerol metabolism in higher plants: glycerol kinase [J]. Biochemical and Biophysical Research Communications, 1987, 143 (3): 977 – 983.

[16] Sanders O I, Rensing C, Kuroda M, et al. Antimonite is accumulated by the glycerol facilitator GlpF in *Escherichia coli* [J]. Journal of Bacteriology, 1997, 179 (10): 3365 – 3367.

[17] Schweizer H P, Po C. Regulation of glycerol metabolism in *Pseudomonas aeruginosa*: characterization of the *glpR* repressor gene [J]. Journal of Bacteriology, 1996, 178 (17): 5215 - 5221.

[18] Siderius M, Van Wuytswinkel O, Reijenga K A, et al. The control of intracellular glycerol in *Saccharomyces cerevisiae* influences osmotic stress response and resistance to increased temperature [J]. Molecular Microbiology, 2002, 36 (6): 1381 - 1390.

[19] Shen W, Wei Y, Dauk M, et al. Involvement of a Glycerol - 3 - Phosphate Dehydrogenase in Modulating the NADH/NAD^+ Ratio Provides Evidence of a Mitochondrial Glycerol - 3 - Phosphate Shuttle in *Arabidopsis* [J]. The Plant Cell, 2006, 18 (2): 422 - 441.

[20] Sweet G, Gandor C, Voegele R, et al. Glycerol facilitator of *Escherichia coli*: cloning of *glpF* and identification of the glpF product [J]. Journal of Bacteriology, 1990, 172 (1): 424 - 430.

[21] Wei Y, Shen W, Dauk M, et al. Targeted Gene Disruption of Glycerol - 3 - phosphate Dehydrogenase in *Colletotrichum gloeosporioides* Reveals Evidence That Glycerol Is a Significant Transferred Nutrient from Host Plant to Fungal Pathogen [J]. Journal of Biological Chemistry, 2004, 279 (1): 429 - 435.

第七章　糖类代谢对非寄主抗性的影响

第一节　糖类物质在植物免疫中的作用

糖类物质除了作为典型的碳源和能量来源之外，在植物中还扮演着分子信号的角色（Bolouri Moghaddam 和 Den Ende，2012）。在非生物胁迫和生物胁迫反应中，糖信号途径发挥着重要的作用，例如糖类物质可与激素信号途径相互联系，从而影响植物的免疫反应（Bolouri Moghaddam 等，2010）。

多种可溶性糖，如蔗糖、半乳糖醇、海藻糖及阿洛酮糖等作为植物免疫系统的一部分，可以刺激异黄酮的积累（Morkunas 等，2005b）。Hoffman 等人研究发现，在线虫感染后的合胞体中积累非常高浓度的寡糖（如 1 - 蔗果三糖（kestose）和棉籽糖）和二糖（如海藻糖和半乳糖醇）。而且，1 - 蔗果三糖和棉籽糖以一种组成式的代谢物存在于植物的非感染部位，这说明了寡糖可能作为一种可以流动变化的信号分子参与植物的胁迫信号过程（Hofmann 等，2010）。事实上，这些物质是由韧皮部运输的。在一些植物体内可以移动运输的糖类主要是棉籽糖。线虫感染后植物中出现的这些糖类物质是怎样产生的目前还不清楚，但是可以确认的是这些糖类物质绝不是来源于线虫体内。推断 1 - 蔗果三糖可能是由液泡内的酶类物质催化产生的。

Kim 等人研究发现在病原菌侵染后半乳糖醇和棉籽糖作为信号物质参与激发植物的免疫反应。外源施加半乳糖醇后可以增加免疫防御相关基因 *PR1a*、*PR1b* 和 *NtACS1* 的表达（Kim 等，2008）。Reignault 等人利用小麦为材料，证实了海藻糖通过激活苯丙氨酸氨基转移酶和过氧化物酶基因来抗小麦白粉病真菌 *Blumeriagraminisf.* sp. *tritici*（Reignault 等，2002）。烟草花叶病毒感染拟南芥后可引起拟南芥 6 – 磷酸海藻糖转移酶基因 *TPS*11 的表达。*tps*11 敲除突变体与野生型相比没有海藻糖的积累，也不能抵抗绿色桃蚜。外源施加海藻糖可以恢复缺失突变体的抗性。表明海藻糖确实是植物防御体系中关键的信号物质（Golem 和 Culver，2003）。另外，6 – 磷酸海藻糖还参与调节植物的生长、发育、衰老死亡等生物过程。

在真菌感染后，植物细胞壁来源的寡聚糖醛类物质可以激活植物的免疫反应。这些物质来自于植物的细胞壁，可作为激发子激发植物的免疫系统。细胞壁相关的激酶 WAK1 和 WAK2 可能作为激发子的受体，将这种免疫信号转导到植物细胞内部的细胞膜区域。这些 *WAK* 基因可以被 SA、伤口感染和细菌感染所上调。*MAPKs* 如 *MPK*3 和 *MPK*6 连接 WAKs 信号和下游转导信号。有趣的是 *wak*2 突变体降低了液泡内的一些酶的活性，同时还需要外源施加糖类物质才能维持正常的生长（Brutus 等，2010）。因此 WAKs 信号途径通过感知外部的寡聚糖醇类的信号，控制细胞内防御基因的表达和糖类物质的代谢。

研究表明，一些稀有的糖类物质如阿洛酮糖、D – 阿洛糖及 DMDP（sugar – like 2，5 – dideoxy – 2，5 – imino – D – mannitol）可以引起植物的免疫反应，上调防御相关的基因表达。这些化学物质是通过己糖激酶依赖或者独立的途径发挥作用。在拟南芥中 D – 阿洛糖依赖于己糖激酶的方式和赤霉素信号途径。在水稻中，阿洛酮糖诱导对白叶枯病原细菌的抗性。外源施加这些稀有糖类物质，可以作为病原菌相关的激发子，引起植物的免疫反应（Birch 等，1993）。

蔗糖是植物光合作用的主要产物，也是植物体内碳水化合物的主要运输形式。它参与植物的多种生命过程，包括生长、发育、不同基因的表达及胁迫相关的反应。有趣的是，它可以作为内源的信号分子，参与水稻相应病原菌的生物胁迫过程（Gomezariza 等，2007）。Gomezariza 等人在水稻受到病原菌感染前 1d 用蔗糖处理，可以增加水稻的抗性。在对水稻根部补充蔗糖后，防御相关的基因如 *OsPR*1*a*、*OsPR*1*b*、*PBZ*1 与 *PR*5 基因全部都得到了上调。同样的，施加蔗糖可通过增加异黄酮类物质的积累方式，增强羽扁豆（lupin）对镰孢菌（*Fusarium*）的抵抗能力。

病毒的感染可以增加植物感染部位的糖类水平。植物通过调节体内的糖库（sugar pools），这些糖类物质可作为碳源和能源，也可作为植物感知信号，增加其免疫反应能力。在植物的糖库中，蔗糖和六碳糖的比例作为一种重要的参数，响应细胞内的多种反应。细胞壁蔗糖转化酶（cell wall invertases，CWI），是一种分解蔗糖的酶类物质，参与植物碳水化合物的分解，调节蔗糖和六碳糖的比例（Gomezariza 等，2007）。因此，一些蔗糖转化酶可能作为一种关键的调节因子调节植物的糖信号途径。蔗糖转化酶相关的糖类信号途径在植物的防御反应中起着极为重要的作用，在共生关系中也发挥着重要的作用。

活性氧中的过氧化氢（H_2O_2）是植物防御反应的一种信号分子，参与了水杨酸（SA）和茉莉酸（GA）依赖的植物免疫反应（Hao 等，2014）。脱落酸（ABA）也参与该反应过程，它可以增加 CWI 的表达和六碳糖的输出。过氧化氢的产生需要高活性的 CWI。过氧化氢还刺激了 S 型谷胱甘肽转移酶的生物合成，谷胱甘肽转移酶参与水杨酸的信号途径。

尽管蔗糖和其他的可溶性糖类物质能够介导植物的免疫反应，但是糖类物质诱导的免疫反应和确切的相关信号转导途径目前还不清楚。可能是蔗糖转化酶与活性氧或者一氧化氮相互作用。而且，糖类物质与植物激素互相作用，参与植物防御反应。另外，微生物体内的蔗糖转化酶和糖类输出载体也决定了植物和病原菌之间的互作关系。

寡糖素（Oligosaccharins）是一类具有生物活性的寡糖类物质，可诱发植物的防卫反应，调控植物的防病与抗病等多种生理功能（Usov，1993）。中国科学院大连化学物理研究所从 20 世纪 90 年代就聚焦对寡糖素生物农药方向的研究，同时，一些效果较好又可作为生物农药的壳寡糖也被筛选出来。壳寡糖（chitosan oligosaccharides，COS）也被称为氨基寡糖素、壳低聚糖、甲壳低聚糖、甲壳胺寡糖等，是一类低聚糖分子，由 2～10 个 D－氨基葡萄糖以 β－1，4 糖苷键连接而成。一般情况下几丁质脱乙醛后可得到壳聚糖，然后壳聚糖再通过降解即可制成 COS。COS 是自然界中唯一的碱性、带正电荷、水溶性的纤维寡糖（Yin 等，2016）。通过酶解法制成的 COS，其聚合度一般为 2～10，分子量大小不超过 5000 Da，故溶解度高，容易被吸收。另外，COS 还具有某些特殊生理活性与功能性质，所以被广泛应用于农业、医药、化工以及生物工程等多个领域。作为一种生物农药，COS 与传统的农药和化肥相比较，具有下面的优点：对环境没有污染、来源比较广泛、安全性比较高，使用量相对较少，成本比较低，可以诱发抗病，并且不能诱导植物抗药性反应（Yin 等，2013）。

COS 对油菜、黄瓜、辣椒以及番茄等多种蔬菜作物的抗病效果比较好。50μg/mL 的 COS 处理油菜 3d 后，油菜抗菌核抑制率可达到 72.1%。另外，COS 通过直接作用的方式抑制辣椒疫霉菌的生长。COS 还能够抑制炭疽病菌的生长，从而达到防治该病原菌的效果（Yin 等，2008）。壳寡糖预处理番茄，然后再接种炭疽病菌，发现可明显减轻番茄果实发病症状。体外使用 50 μg/mL的 COS 能够完全抑制黄瓜灰霉病菌的生长，黄瓜使用 COS 预处理 1h、4h、24h 后，再接种灰霉菌，可分别降低 65%、82%、87% 的发病率（Deepmala 等，2014）。除此之外，COS 也可以用于胡萝卜、葡萄、向日葵、大麦等多种植物来提高它们的抗病性。生物农药 COS 可作用的病原物包括细菌、真菌和病毒等，在我国 24 种农作物的 36 种病害中，使用 COS 均取得了良好的防治效果。

拟南芥接种病原菌丁香假单胞菌番茄变种（*Pseudomonas syringae* pv. *tomato* DC3000，*Pst* DC3000）前，采用 50μg/mL 的 COS 预处理 3d、2d、1d 和 0d，观察拟南芥的发病状况。结果表明 COS 不能有效抑制病原菌 *Pst* DC3000（Shinya 等，2014）。接着，q－PCR 方法检测 COS 预处理拟南芥野生型和 N－糖基化突变体 *man*1 后，*PR*1、*PDF*1.2、*avrPtoB* 以及 *Rec A* 基因的表达情况。结果发现，两种拟南芥叶片中的 *PR*1 的基因表达量显著上调，*avrPtoB*、*RecA* 表达量显著下调，而 *PDF*1.2 基因表达量无明显变化（Malerba 和 Cerana，2016）。采用高效液相色谱－质联仪（HPLC－MS）检测了拟南芥叶片中植物激素水杨酸和茉莉酸的含量，结果发现 COS 预处理可显著提高野生型拟南芥叶片中水杨酸的含量，显著降低茉莉酸的含量。这一结果说明了 COS 没有体外抑制植物病原菌 *Pst* DC3000 的能力，但可诱导拟南芥 N－糖基化突变体 *man*1 增强 *Pst* DC3000 抵抗能力。

研究 COS 诱导植物抗病性作用机理时，发现 *MAPK* 可延长烟草接种 TMV 后发病的潜育期，*MAPK* 对于植株整体的 TMV 抗性起到重要调控作用；COS 诱导的 *MAPK* 表达与 PAL 酶活性提高密切相关。此外，COS 能够快速提高 POD 活性，且维持一段时间来提高植物抵抗病原物的能力。PPO 活性与 *MAPK* 基因表达呈负相关；COS 处理烟草后，COS 和损伤可快速诱导 *MAPK* 表达；*MAPK* 的表达在转录水平上与烟草几丁质酶和 β－1，3 葡聚糖酶有密切关系。烟草的信号转导中的 *MAPK* 的下游基因可能是 *NtWRKY*（Falconrodriguez 等，

2009；Lizarragapaulin 等，2013）。

研究发现，褐藻酸寡糖刺激海带 *L. digitata* 的孢子体可导致活性氧的爆发（Vauchel 等，2009）。有趣的是，第一次激发活性氧产生后的 3h 内，不再产生活性氧的爆发。*L. digitata* 对褐藻酸寡糖的响应过程依赖于寡糖的剂量以及结构形式。*L. digitata* 被褐藻酸寡糖处理后可导致钾离子的大量外流。进一步研究发现，藻体本身所产生的活性氧也是一种信号分子可进行信号的传递，蛋白激酶、K^+、Ca^{2+} 通道、阴离子通道与磷脂酶 A2 也参与了该信号传导途径。研究发现氧化酶类抑制剂 DPI 处理藻体，可使藻体丧失氧化爆发的能力，因而更易受到病原菌的攻击。这说明了褐藻采用氧化爆发的方式来抵御病原菌的侵染，是一种天然的防御机制。褐藻酸寡糖处理藻体后能显著抑制其内生病原体的侵染，暗示褐藻酸寡糖信号途径参与调控褐藻海带防御其潜在病原菌间的过程。

新琼四糖处理 *G. conferta* 能够诱发藻体发生包括活性氧的爆发、呼吸增强在内的响应反应。但藻体受到新琼二糖、卡拉胶、寡聚卡拉胶以及 L/D－半乳糖处理并不能发生上述响应反应。这说明，*G. conferta* 专一性的识别特定寡糖。附着在藻体表面的附生菌可被琼胶寡糖诱导 *G. conferta* 产生的防御信号抑制并杀死，防御反应发生 1h 后，藻体表面 60% 的附生菌可被杀死。防御反应发生 15min 内，约 90% 的琼胶降解菌被抑制。进一步研究发现，仅仅只含6～8 个二糖重复单位的琼胶寡糖才具有增强藻体氧消耗量，迸发 H_2O_2，抑制附生菌的生长，诱发自身尖端白化的能力。因此，在 *G. conferta* 识别琼胶寡聚糖的时候，存在最适宜的结构模式。琼胶寡糖可导致 *G. chilensis* 与 *G. conferta* H_2O_2 的爆发，但机制存在明显区别。琼胶寡糖刺激 *G. conferta* 藻体产生活性氧的部位为细胞质膜，且为瞬时释放，接着为一个长时间的不应期，时间高达 6h。此外，蛋白磷酸化酶、蛋白激酶、NADPH 氧化酶以及钙离子通道等多种抑制剂可抑制 *G. conferta* 的响应过程，但金属酶抑制剂对该过程不起作用。推测，在 *G. conferta* 活性氧的响应反应中，其主要成分是琼胶寡糖特异识别受体以及膜定位的 NADPH 氧化酶（Zhang 等，2017）。但在 *G. chilensis* 中细胞壁是 H_2O_2 的释放部位。金属酶和黄素酶可抑制 *G. chilensis* 的响应过程，寡糖激发藻体产生 H_2O_2 不存在不感应期，H_2O_2 的释放可导致乙醛在培养基中大量积累。这说明了，*G. chilensis* 产生 H_2O_2 与非原生质体定位的琼胶寡糖氧化酶紧密相关。另外，在 17 株江蓠科 *Gracilariaceae* 的防御研究中发现，防御机制的产生以及类别也与进化地位密切有关。琼胶寡糖诱导 *Gracilaria* sp. 以及 *Gracilariopsis* sp. 产生氧化爆发的机制差异较大，其关键核心酶分别为琼胶寡糖氧化酶和 NADPH 氧化酶。此外，卤化物在藻类防御体系中也发挥着重要作用。琼胶寡糖处理 *Gracilaria* sp.，能显著增强其发生碘化、溴化以及氯化的能力，从而使挥发性卤化物的生成速率提高 8 倍。活性氧积累可能促进了卤化过氧化物酶的活性，因而提高了卤化能力。但对于 *G. chilensis* 而言，琼胶寡糖刺激后可增强定位于细胞壁的琼胶寡糖氧化酶的活性，加速了氧化反应发生速率，使非原生质体上产生 H_2O_2。但 H_2O_2 并没有被运输至卤化过氧化物酶活性位点上，所以无法加强藻体的卤化能力。

Bouarab 等人研究发现，*C. crispus* 孢子可完全被内生性绿藻 *Acrpchaete operculata* 入侵并寄生，但 *Acrpchaete operculata* 不能侵入到配子体的内层细胞。可能是因为 *C. crispus* 2 个世代的细胞壁卡拉胶结构成分不同（Bouarab 等，1999）。λ－卡拉胶寡聚糖为 *C. crispus* 孢子体时期细胞壁的成分，使 *Acrpchaete operculata* 体内特异性多肽含量增加，增强了 *Acrpchaete operculata* 的病原性。K－卡拉胶是配子体时期细胞壁的主要成分，抑制氨基酸的吸收，增强宿主对 *Acrpchaete operculata* 的识别能力，从而削弱了病原的毒性。研究发现，红藻 *C. crispus* 配子体的细胞壁卡拉胶寡糖可调控 *Acrpchaete operculata* 的 L－ASN 释放能力，氨基酸氧化酶接收 L－ASN 信号后，调控 H_2O_2 的释放量，从而抑制绿藻的寄生。*Acrpchaete operculata* 非细胞提取液刺激 *C. crispus* 后，藻体可爆发活性氧簇，因此这些研究结果暗示了，宿主与附生微生物之间的互作依赖于对特性化学信号的识别（Weinberger 等，2005）。

第二节　糖类物质在拟南芥甘油激酶 *NHO1* 调控的非寄主抗性中的作用

糖类物质（蔗糖、葡萄糖、果糖等）除了作为典型的碳源和能量来源之外，在植物中还扮演着分子信号的角色。在非生物胁迫和生物胁迫反应中，糖信号途径发挥着重要的作用。糖类物质可能与激素信号途径相互作用，影

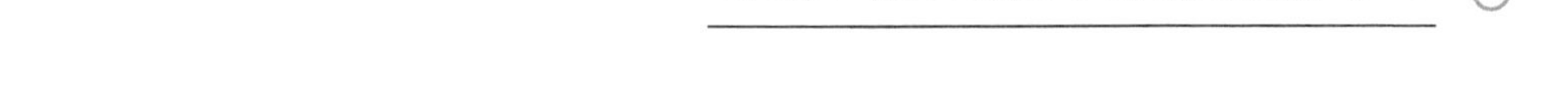

响植物的免疫反应。著者将探讨糖类代谢在拟南芥甘油激酶基因（*NHO*1）调控的非寄主抗性中的作用。

一、原理与方法

（一）基因定量引物

基因定量引物如表7－1所示。

表7－1 基因定量所用引物

基因	基因ID	引物序列（5'－3'）		长度
*PFK*1	AT4G08876	PFK1－F	GTTAGAGATTACATCAACA	133
		PFK1－R	GATTCTTCTTCCATTGACC	
*HK*2	AT2G19860	HK2－F	CTTCCGTGTTATGCGTGTG	150
		HK2－R	GTAGCGACAAACTTGGCAAG	
*MDH*1	AT5G09660	MDH1－F	ATGGAGTTTCGTGGAGATG	160
		MDH1－R	CACCTGCAGCTCCAAGAA	
*MDH*2	AT3G15020	MDH2－F	GTTCCGATCAATGATTGTTC	150
		MDH2－R	ATGAGAAGAGAAAGTGGCTG	
*MDH*3	AT3G47520	MDH3－F	CAGCAACATCAGCTTCTCTG	130
		MDH3－R	TGAGACCGGTGAAGCTAG	
*ASP*1	AT5G19550	ASP1－F	GGAAGCCTCTTGTTCTTG	150
		ASP1－R	CTGTCAGCACCTAAGATG	
*ASP*2	AT2G30970	ASP2－F	GAAGCCTGTTGTCTTGGA	130
		ASP2－R	CATAGGCAAGCTTCAATG	
*ASP*3	AT5G11520	ASP3－F	CAGCAGCTTATCAATGAC	160
		ASP3－R	CTCTCAGAGAACCAGTAC	
*ASP*4	AT4G31990	ASP4－F	GCTGACACTAACGGGATGA	140
		ASP4－R	CCCTCAATTGGAAGATACTC	
*Actin*2	AT3G18780	Actin2－F	GCACCCTGTTCTTCTTACCG	206
		Actin2－R	AACCCTCGTAGATTGGCACA	

（二）单糖的测定

单糖的测定方法采用 GC－MS 方法（Li 等，2013）。

样品的提取和乙酰化：称取 50mg 的 3 周大小的拟南芥新鲜叶片，放入 2mL EP 管中，加入 500μL DMSO，用电钻迅速研磨碎叶片。样品 4℃放置 1h。4℃，10000rpm 离心 5min。吸取 200μL 上清液转至一新的 2mL EP 管中。然后加入 30μL 的 1－甲基咪唑和 150μL 醋酸酐混匀，搅拌 10min。加入 600μL ddH_2O 来消除未反应的醋酸酐。加入 200μL 二氯甲烷提取乙酰化的糖类物质。4℃，12000rpm 离心 10min。取下层有机相（二氯甲烷层），进行 GC－MS 分析。

标准品的乙酰化：取 200μL DMSO 溶解的标准糖溶液，加入 30μL 的 1－甲基咪唑和 150μL 醋酸酐混匀，搅拌 10min。加入 600μL ddH_2O 来消除未反应的醋酸酐。加入 200μL 二氯甲烷提取乙酰化的标准品。4℃，12000rpm 离心 10min。取下层有机相（二氯甲烷层）进行 GC－MS 分析。

（三）有机酸的测定

苹果酸、天冬氨酸、柠檬酸及丙酮酸的测定采用 GC－MS 方法（Lisec 等，2006）。称取 3 周大小的拟南芥新鲜叶片 100mg，放入 2mL EP 管中，加入研珠，放入液氮中迅速冷冻。样品从液氮中取出，在磨样机上低温迅速磨碎样品。加入 1.4mL 预冷的甲醇，涡旋 10s。加入 60μL 内标 Ribitol（0.2mg/mL），涡旋 10s。70℃，水浴 10mins。11000rpm 离心 10mim。取上清液至一新的 15mL 离心管中，加入 750μL 预冷的氯仿，1.4mL 的 ddH_2O。涡旋 10s。4000rpm 离心 15min。转移 150μL 上清液至一新的 1.5mL EP 管中。常温真空干燥至样品中液体挥发完全。加入 40μL 的 methoxyamination，37℃，100rpm 离心 2min。加入 70μL 的 MSTFA，37℃，100rpm 离心 30min。转移上清液至进样瓶中，GC－MS 进行分析。

（四）假单胞菌接种拟南芥

将待测菌株在 KBM 培养基中加入适当的抗生素，28℃，200rpm 过夜培养至 $OD_{600\ nm}=1.0$ 左右，4000rpm 离心 2min 收集菌体，再用等体积的 10mmol/L

的 $MgCl_2$ 溶液洗涤菌体两次。最后将菌体用 10mmol/L 的 $MgCl_2$ 溶液稀释至 $OD_{600nm}=0.2$（10^8cfu/mL），加入终体积为 0.2% Silwet L－77。生长至 3 周左右的野生型及突变体拟南芥进行接种实验。选择生长健壮，完全伸展开的叶片做好标记，用于真空渗透接种。用 1mL 的注射器，在叶片的背面轻轻将菌体注入叶片中。用纸巾将叶片上多余的菌液擦拭干净，用保鲜膜覆盖。接种后的 0h、6h、12h、24h，取接种后的叶片，并用液氮迅速冷冻，保存于－80℃超低温冰箱。

（五）基因的定量分析

样品的 RNA 提取：取新鲜的拟南芥叶片 500mg，液氮研磨成粉末状并转移至 EP 管中，加入 1mL Trizol，震荡混匀，冰浴 5min。4℃，12000rpm 离心 10min。上清液液转至一新的 EP 管中，冰浴 15min。加入 0.2mL 氯仿剧烈颠倒 15s，然后冰浴 5min。4℃，12000rpm 离心 15min。将上清液转移至另一新的 EP 管中。加入等体积的异丙醇（0.5mL），－20℃，静置 30min 沉淀 RNA。4℃，12000rpm 离心 10min。加入 1mL 75% DEPC 处理过的乙醇（预冷），4℃，7500rpm 离心 5min。加入 30μL RNAase free water 溶解 RNA。

在离心管中轻轻将各种成分混合，37℃，孵育 2min。室温下加入 1μL M－Mulv 逆转录酶（200 U/μL），轻轻吹打混匀。37℃，孵育 60min。70℃，加热 15min 终止反应。合成的 cDNA －20℃保存备用。

实时定量 PCR（Quantitative Real－Time PCR）：采用 BioRad SYBR Green Mix，按照其说明书进行操作。

二、结果与分析

（一）拟南芥中半乳糖、葡萄糖和果糖的含量

采用 GC－MS 方法，对拟南芥中半乳糖、葡萄糖、果糖进行了测定。结果发现，拟南芥 *nho1*、*gpdhc* 突变体及 *nho1/gpdhc* 中半乳糖、葡萄糖含量均显著低于野生型 Col－0；*gpdhc* 和 *nho1/gpdhc* 中果糖的含量显著低于野生型 Col－0，其中 *nho1/gpdhc* 中果糖含量最低，仪器均未测得出其数值（见图

7－1）。

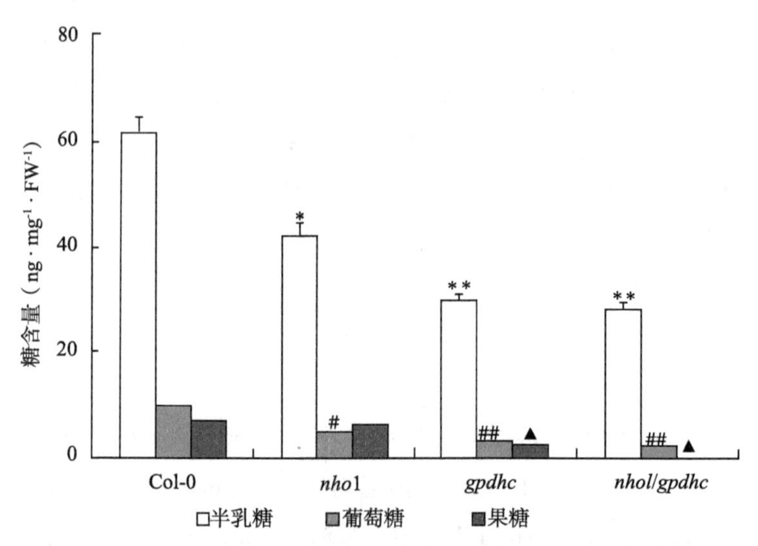

图7－1　拟南芥中半乳糖、葡萄糖和果糖的含量

注：＊P<0.05，突变体中半乳糖含量与野生型Col－0相比较；＊＊P<0.001，突变体中半乳糖含量与野生型Col－0相比较；#P<0.05，突变体中葡萄糖含量与野生型Col－0相比较；##P<0.001，突变体中葡萄糖含量与野生型Col－0相比较；▲P<0.05，突变体中果糖含量与野生型Col－0中相比较；▲▲P<0.001，突变体中果糖含量与野生型Col－0中相比较。

（二）拟南芥中丙酮酸、天冬氨酸、苹果酸及柠檬酸含量

采用GC－MS方法，对拟南芥中丙酮酸、天冬氨酸、苹果酸及柠檬酸进行了测定。结果如图7－2所示，拟南芥*nho*1、*gpdhc*突变体及*nho*1/*gpdhc*中丙酮酸、天冬氨酸、苹果酸及柠檬酸含量均显著低于野生型Col－0。

（三）糖代谢及有机酸代谢相关基因表达结果

著者选取糖代谢及有机酸代谢途径中的一些代表基因进行了表达水平的分析，从分子水平研究了糖类及有机酸物质在植物抗病中的作用。

拟南芥*PFK*1（*AT4G*29220）编码了一个6－磷酸果糖激酶，参与糖酵解过程，催化果糖的磷酸化过程（Dennis和Coultate，1966；Pego和Smeekens，2000；Wong等，1987）。该酶依赖于ATP发挥活性。组织表达结果显示，

*PFK*1 在拟南芥的根、茎、叶和花中均较高水平地表达；细胞定位实验显示，该基因表达蛋白定位于细胞膜和细胞质中。

结果发现，*gpdhc* 和 *nho*1/*gpdhc* 中 *PFK*1 基因表达显著低于野生型 Col－0 和 *nho*1 突变体（见图 7－3（a）），该结果与单糖测定结果一致。在 *gpdhc* 和 *nho*1/*gpdhc* 中，果糖含量均显著低于野生型 Col－0 和 *nho*1 突变体。

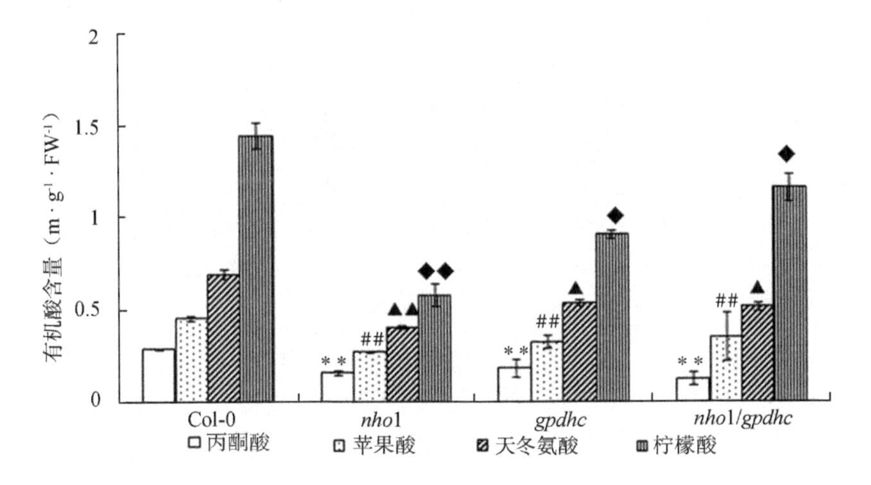

图 7－2 拟南芥中丙酮酸、天冬氨酸、苹果酸及柠檬酸含量

注：* * $P<0.001$，突变体中丙酮酸含量与野生型 Col－0 相比较；## $P<0.001$，突变体中苹果酸含量与野生型 Col－0 相比较；▲ $P<0.05$，突变体中天冬氨酸含量与野生型 Col－0中相比较；▲▲ $P<0.001$，突变体中天冬氨酸含量与野生型 Col－0 中相比较；◆ $P<0.05$，突变体中柠檬酸含量与野生型 Col－0 相比较；◆◆ $P<0.001$，突变体中柠檬酸含量与野生型 Col－0 中相比较。

拟南芥 *HK*2 基因（*AT*2*G*19860）编码一个已糖激酶，该酶是已糖分解代谢途径中的第一个酶，催化已糖转化成 6－磷酸已糖（Xiao 等，2000）。已糖激酶是植物糖信号途径的感知因子，拟南芥过表达 *HK*2 基因导致对糖信号更加敏感，从而干扰弱化了糖信号的敏感度（Jang 等，1997）。对拟南芥 Col－0、*nho*1、*gpdhc* 及 *nho*1/*gpdhc* 中 *HK*2 基因表达量进行了分析，发现在三个突变体中，*HK*2 基因表达量均显著低于野生型 Col－0（见图 7－3（b））。在糖测定结果中发现，在 *nho*1、*gpdhc* 及 *nho*1/*gpdhc* 中六碳糖葡萄糖含量均低于野生型水平。

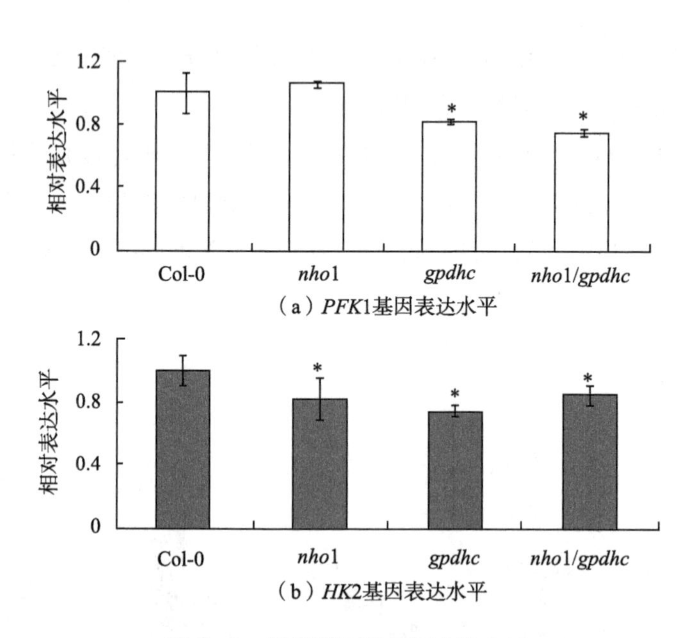

图 7-3 糖代谢相关基因表达分析

注：* P<0.05，突变体材料与野生型 Col-0 相比较。

拟南芥 *ASP* 基因包括 *ASP*1（*AT5G*19550）、*ASP*2（*AT2G*30970）、*ASP*3（*AT5G*11520）和 *ASP*4（*AT4G*31990），其编码天冬氨酸氨基转移酶，催化天冬氨酸的代谢（Schultz 和 Coruzzi，1995）。通过对 Col-0、*nho*1、*gpdhc* 和 *nho*1/*gpdhc* 中 *ASP* 基因进行表达水平分析，结果显示，在 3 个突变体中 *ASP*2、*ASP*3 和 *ASP*4 基因表达水平显著低于野生型 Col-0；*ASP*1 基因在 *nho*1 中表达水平显著低于野生型 Col-0（见图 7-4）。*ASP* 基因在突变体中的表达水平与其体内天冬氨酸含量水平相一致。

拟南芥 *MDH* 基因包括 *MDH*1（*AT5G*09660）、*MDH*2（*AT3G*15020）和 *MDH*3（*AT3G*47520），编码苹果酸脱氢酶，催化苹果酸的代谢（Goward 和 Nicholls，1994）。通过对 Col-0、*nho*1、*gpdhc* 和 *nho*1/*gpdhc* 中 *MDH* 基因进行表达水平分析，结果显示，在 3 个突变体中 *MDH*2 和 *MDH*3 基因表达水平显著低于野生型 Col-0；*MDH*1 基因在 *nho*1 和 *gpdhc* 中表达水平显著低于野生型 Col-0（见图 7-5）。*MDH* 基因在突变体中的表达水平与其体内苹果酸含量水平相一致。

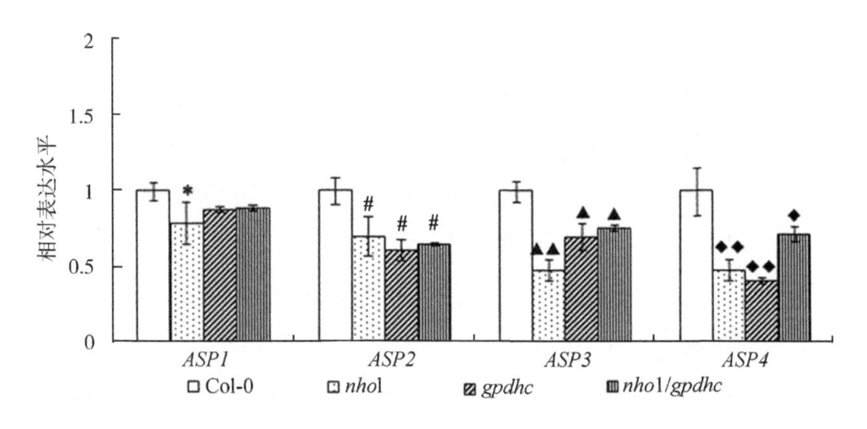

图 7－4　拟南芥中 *ASP* 基因表达水平

注：＊P＜0.05，突变体中 *ASP*1 基因表达量与野生型 Col－0 相比较；#P＜0.05，突变体中 *ASP*2 基因表达量与野生型 Col－0 相比较；▲P＜0.05，突变体中 *ASP*3 基因表达量与野生型 Col－0 相比较；▲▲P＜0.001，突变体中 *ASP*3 基因表达量与野生型 Col－0 中相比较；◆P＜0.05，突变体中 *ASP*4 基因表达量与野生型 Col－0 相比较；◆◆P＜0.001，突变体中 *ASP*4 基因表达量与野生型 Col－0 中相比较。

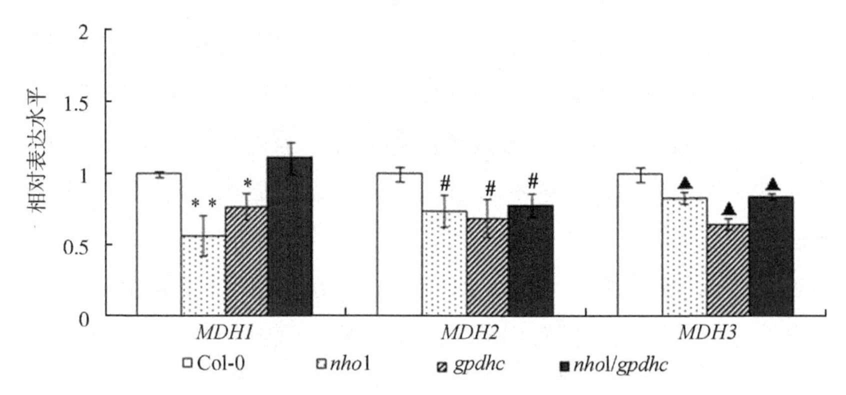

图 7－5　拟南芥中 *MDH* 基因表达水平

注：＊P＜0.05，突变体中 *MDH*1 基因表达量与野生型 Col－0 相比较；＊＊P＜0.001：突变体中 *MDH*1 基因表达量与野生型 Col－0 相比较；#P＜0.05：突变体中 *MDH*2 基因表达量与野生型 Col－0 相比较；▲P＜0.05：突变体中 *MDH*3 基因表达量与野生型 Col－0 相比较。

三、讨　　论

植物通过光合作用合成淀粉、蔗糖等糖类物质，然后水解成葡糖糖或者果糖，通过进一步的磷酸化，经糖酵解途径生成丙酮酸，然后进入线粒体内，经三羧酸循环，为植物的生长发育等生命过程提供能量（Koch，2004）。

甘油在甘油激酶的催化下形成 G3P，然后在甘油脱氢酶的作用下形成 DHAP。DHAP 和 3－磷酸甘油醛之间进行转化。3－磷酸甘油醛可以直接转化成丙酮酸，然后进入三羧酸循环产生能量。

在甘油代谢途径中产生的 G3P 是一种活性分子，它可以转化成 6－磷酸葡萄糖进入糖代谢途径中（Aubert 等，1994），另外，G3P 还可以穿梭，参与脂肪酸的合成途径（Kachroo 等，2004）。因此，在高等植物中，糖类物质代谢途径和甘油代谢途径被 G3P 联系在一起。Aubert 等人（1994）利用植物悬浮培养细胞证实了这种关系。他们在饥饿处理后细胞培养液中添加一定浓度的甘油，结果发现与对照组相比，植物细胞内的糖类物质如 6－磷酸葡萄糖、6－磷酸果糖含量大量增加，并且 G3P 含量也相应地增加。这一结果与直接外源施加一定浓度的蔗糖类似（Aubert 等，1994）。

在研究中，甘油代谢途径中的突变体 *nho*1、*gpdhc* 和 *nho*1/*gpdhc* 由于基因的突变，导致甘油代谢途径受阻，直接导致了 G3P 含量显著性的降低。另外，利用 GC－MS 方法测定了这些突变体中糖类物质的含量，结果发现与野生型相比，葡萄糖、半乳糖和果糖含量均降低。因此，可以推测，糖类物质的降低与甘油代谢途径的受阻有着直接的关系，而造成这种关系的中间活性物质可能就是 G3P。

另外，*nho*1/*gpdhc* 材料与 Col－0、*nho*1、*gpdhc* 相比，果荚结实率降低，表现出育性降低的特点。果荚中有的表型正常，有的部分结实正常，有的完全不结实。*nho*1/*gpdhc* 材料与 Col－0、*nho*1、*gpdhc* 相比，糖类物质含量最低，特别是果糖含量，未测得其数值。据此推测，*nho*1/*gpdhc* 表型出育性降低的表型可能与其体内糖类物质含量紧密相关。

多种可溶性糖如蔗糖、半乳糖醇、海藻糖及阿洛酮糖等作为植物免疫系统的一部分，可以刺激异黄酮的积累（Morkunas 等，2005a）。Kim 等人研究发现在病原菌侵染后半乳糖醇和棉籽糖可作为信号物质参与激发起植物的免疫反应。外源施加半乳糖醇可以增加免疫防御相关基因的表达（Kim 等，2008）。Reignault 等人利用小麦为材料，证实了海藻糖通过激活苯丙氨酸氨基转移酶和过氧化物酶基因来抗小麦白粉病真菌 *Blumeria graminis* f. sp. *tritici*。

烟草花叶病毒感染拟南芥后，引起拟南芥 6 - 磷酸海藻糖转移酶基因 *TPS*11 的表达。*tps*11 敲除突变体与野生型相比没有海藻糖的积累，也不能抵抗绿色桃蚜。外源施加海藻糖可以恢复缺失突变体的抗性（Reignault 等，2001）。

蔗糖是植物光合作用的主要产物，也是植物体内碳水化合物的主要运输形式。蔗糖参与植物的多种生命过程，包括生长、发育、不同基因的表达及胁迫相关反应。有趣的是，蔗糖可以作为内源的信号分子，参与水稻相应病原菌的生物胁迫反应过程。病毒的感染可以增加植物感染部位的糖类物质水平的提高。植物通过调节体内的糖库（sugar pools），这些糖类物质可作为碳源和能源，也可作为植物感知信号增加其免疫反应能力。植物的糖库中的蔗糖和六碳糖的比例作为一种重要的参数，响应细胞内的多种反应。细胞壁蔗糖转化酶是一种分解蔗糖的酶类物质，参与植物碳水化合物的分解，调节蔗糖和六碳糖的比例。因此，一些蔗糖转化酶可能作为一种关键的调节因子调节植物的糖信号途径。

研究中发现拟南芥 *nho*1、*gpdhc* 和 *nho*1/*gpdhc* 中半乳糖、葡萄糖含量均显著低于野生型 Col - 0；*gpdhc* 和 *nho*1/*gpdhc* 中果糖的含量显著低于野生型 Col - 0。糖代谢相关的基因 *PFK*1 和 *HK*2 在突变体中表达水平也相应地低于野生型。上述研究证实糖类物质参与植物的抗病过程。*nho*1 和 *nho*1/*gpdhc* 在非寄主抗性水平方面显著降低，这种抗病能力的降低可能与其体内糖类物质和糖信号途径有着某种联系，这种关系又促使著者有必要进行更深层次的研究。

参考文献

[1] Aubert S, Gout E, Bligny R, et al. Multiple effects of glycerol on plant cell metabolism. Phosphorus - 31 nuclear magnetic resonance studies [J]. Journal of Biological Chemistry, 1994, 269 (34): 21420 - 21427.

[2] Birch A N, Robertson W M, Geoghegan I E, et al. Dmdp a plant derived sugar analogue with systemic activity against plant parasitic *Nematodes* [J]. Nematologica, 1993, 39 (4): 521 - 535.

[3] Bolourimoghaddam M R, Roy K L, Xiang L, et al. Sugar signalling and antioxidant network connections in plant cells [J]. FEBS Journal, 2010, 277 (9): 2022 - 2037.

[4] Bouarab K, Potin P, Correa J A, et al. Sulfated oligosaccharides mediate the interaction be-

tween a marine red alga and its green algal pathogenic endophyte [J]. The Plant Cell, 1999, 11 (9): 1635 -1650.

[5] Brutus A, Sicilia F, Macone A, et al. A domain swap approach reveals a role of the plant wall - associated kinase 1 (WAK1) as a receptor of oligogalacturonides [J]. Proceedings of the National Academy of Sciences, 2010, 107: 9452 -9457.

[6] Falconrodriguez A B, Cabrera J C, Ortega E, et al. Concentration and physicochemical properties of chitosan derivatives determine the induction of defense responses in roots and leaves of tobacco (*Nicotiana tabacum*) plants [J]. American Journal of Agricultural and Biological Sciences, 2009, 4 (3): 192 -200.

[7] Golem S, Culver J N. Tobacco mosaic virus induced alterations in the gene expression profile of *Arabidopsis thaliana* [J]. Molecular plant - microbe interactions, 2003, 16: 681 -688.

[8] Gomezariza J, Campo S, Rufat M, et al. Sucrose - mediated priming of plant defense responses and broad - spectrum disease resistance by overexpression of the maize pathogenesis - related PRms protein in rice plants [J]. Molecular Plant - microbe Interactions, 2007, 20 (7): 832 -842.

[9] Hao W, Guo H, Zhang J, and Hydrogen peroxide is involved in salicylic acid - elicited rosmarinic acid production in Salvia miltiorrhiza cell cultures [J]. The Scientific World Journal, 2014: 843764 -843764.

[10] Deepmala K, Hemantaranjan A, Bharti S, Nishant Bhanu A. A future perspective in crop protection: chitosan and its oligosaccharides [J]. Adv Plants Agric Res, 2014, 1 (1): 1 -8.

[11] Hofmann J, Ashry A E, Anwar S, et al. Metabolic profiling reveals local and systemic responses of host plants to *nematode* parasitism [J]. Plant Journal, 2010, 62 (6): 1058 -1071.

[12] Kachroo A, Kachroo P. Fatty Acid - Derived Signals in Plant Defense [J]. Annual Review of Phytopathology, 2009, 47 (1): 153 -176.

[13] Kim M S, Cho S M, Kang E Y, et al. Galactinol is a signaling component of the induced systemic resistance caused by *Pseudomonas chlororaphis* root colonization [J]. Molecular plant - microbe interactions, 2008, 21: 1643 -1653.

[14] Koch K E. Sucrose metabolism: regulatory mechanisms and pivotal roles in sugar sensing and plant development [J]. Current Opinion in Plant Biology, 2004, 7 (3): 235 -246.

[15] Lizarragapaulin E, Mirandacastro S, Morenomartinez E, et al. Maize seed coatings and seedling sprayings with chitosan and hydrogen peroxide: their influence on some phenological and biochemical behaviors [J]. Journal of Zhejiang University - science B, 2013,

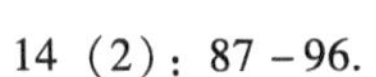

14 (2): 87 -96.

[16] Malerba M, Cerana R. Chitosan effects on plant systems [J]. International Journal of Molecular Sciences, 2016, 17 (7): 1 -15.

[17] Moghaddam M R, Den Ende W V. Sugars and plant innate immunity [J]. Journal of Experimental Botany, 2012, 63 (11): 3989 -3998.

[18] Morkunas I, Marczak L, Stachowiak J, et al. Sucrose - stimulated accumulation of isoflavonoids as a defense response of *lupine* to *Fusarium oxysporum* [J] . Plant Physiol Biochemistry, 2005b , 43: 363 -373.

[19] Reignault P, Cogan A, Muchembled J, et al. Trehalose induces resistance to *powdery mildew* in wheat [J]. New Phytologist, 2002, 149 (3): 519 -529.

[20] Shinya T, Yamaguchi K, Desaki Y, et al. Selective regulation of the chitin - induced defense response by the *Arabidopsis* receptor - like cytoplasmic kinase PBL27 [J]. Plant Journal, 2014, 79 (1): 56 -66.

[21] Usov A I. Oligosaccharins - a new class of signalling molecules in plants [J]. Russian Chemical Reviews, 1993, 62 (11): 1047 -1071.

[22] Vauchel P, Kaas R, Arhaliass A, et al. A new process for extracting alginates from *Laminaria digitata*: reactive extrusion [J]. Food and Bioprocess Technology, 2008, 1 (3): 297 -300.

[23] Weinberger F, Pohnert G, Berndt M, et al. Apoplastic oxidation of L - asparagine is involved in the control of the green algal endophyte Acrochaete operculata Correa & Nielsen by the red seaweed Chondrus crispus Stackhouse [J]. Journal of Experimental Botany, 2005, 56 (415): 1317 -1326.

[24] Yin H, Du Y, Dong Z, et al. Chitin oligosaccharide and chitosan oligosaccharide: two similar but different plant elicitors. [J]. Frontiers in Plant Science, 2016, 7 (522): 1 -4.

[25] Yin H, Li Y, Zhang H, et al. Chitosan oligosaccharides - triggered innate immunity contributes to oilseed rape resistance against *Sclerotinia Sclerotiorum* [J]. International Journal of Plant Sciences, 2013, 174 (4): 722 -732.

[26] Yin H, Yang J Li, Li S Get al. Cloning and Analysis of *BnMPK4*, a novel MAP kinase gene induced by oligochitosan in *Brassica napus* [J]. Acta Agrnomica Sinica, 2008, 34 (5): 743? 747

[27] Zhang N, Mao X Z, Robert W, et al. Neoagarotetraose protects mice against intense exercise - induced fatigue damage by modulating gut microbial composition and function [J] . Mol Nutr Food Res, 2017, 61 (8): 1600585.

第八章　*SWEETs* 基因调控非寄主抗性机制

第一节　植物 *SWEETs* 基因研究概况

蔗糖、葡萄糖、果糖等糖类物质是光合作用的主要产物，具有多种生理功能，可为高等植物细胞的生长发育提供营养物质（Neuhaus，2007；Kuhn 和 Grof，2010）。糖类物质跨植物生物膜系统运输时，需要相应的糖运输蛋白载体协助，如单糖转运蛋白（monosaccharide transporters，MSTs）、蔗糖转运蛋白（sucrose transporters，SUTs）和糖外排转运蛋白等（Ayre，2011）。糖类也可作为信号分子物质，或暂存在植物液泡中或通过韧皮部从“源器官（source organs）”如叶片向根、茎、嫩叶、花、果实、种子等“库器官”（sink organs）进行运输，为细胞生命活动提供能量（Slewinski，2011；Chen 等，2010）。SWEET（sugars will eventually be exported transporters，SWEETs）是近年来发现的一类新型糖运输蛋白基因家族，目前对其功能研究主要集中在拟南芥（*Arabidopsis thaliana*）和水稻（*Oryza sativa*）模式植物上，但也陆续在其他物种中被发现、克隆、表达以及功能分析。大量的研究表明，SWEET 蛋白可通过调控植物体内糖类物质的运输、分配与贮藏，参与调控植物多种生长发育过程（Chen，2014；Chandran，2015）。

一、新型糖转运蛋白 SWEET 家族的发现

荧光共振能量转移（fluorescence resonance energy transfer，FRET）传感器为一种新型的荧光信号标签，可量化荧光信号变化强度，实时监测糖、氨基

酸、离子等底物在活体组织、细胞以及亚细胞水平的浓度变化情况，因此可作为研究动植物生理代谢过程的一种非常有效方法（Looger 等，2009；Bermejo 等，2011）。Chen 等首次利用葡萄糖 FRET 传感器从拟南芥中鉴定出一类新型糖转运蛋白基因家族 *SWEET*（Chen，2014）。SWEET 蛋白利用细胞内外糖浓度梯度进行跨膜运转，而非依靠质子浓度梯度，因此，SWEET 蛋白运转的糖不依赖于环境 pH。MSTs 和 SUTs 发挥糖运输载体功能需要与 H^+ 偶联，利用细胞内外 H^+ 浓度梯度对糖类物质单向跨膜运输。SWEET 蛋白可在溶质势驱动下顺浓度梯度进行糖类物质的双向跨膜运输（Chen 等，2012），包括糖类物质从胞内向胞外运输（efflux）和糖类物质从胞外运输到胞内（uptake）。植物韧皮部装载、花粉发育、花蜜产生等生命活动中，都可能存在糖外流载体 SWEET（sugar efflux transporter）的参与，糖外流载体 *SWEET* 基因家族的发现将有助于全面了解植物上述生理过程的分子生理机制。

SWEET 基因家族广泛存在于原核生物、动物和植物中。原核生物和动物中 *SWEET* 基因家族成员较少，如原绿球藻（*Prochlorococcus marinus*）、死亡梭杆菌（*Fusobacterium mortiferum*）等原核生物，人类（*Homo sapiens*）、狒狒（*Papio anubis*）、小鼠（*Mus musculus*）等哺乳动物中均只包含 1 个 *SWEET* 基因；高等维管植物中成员较多（Yuan 和 Wang，2013；Patil 等，2015），拟南芥、水稻、玉米、番茄、葡萄、大豆中分别含有 17、21、23、29、17 以及 52 个 *SWEET* 基因（Chong 等，2014；Huang 等，2015；Sosso 等，2015）。此外，同一植物不同的 SWEET 家族成员可负责运转不同糖类物质，例如 AtSWEET2 可转运 2－脱氧葡萄糖（Chen 等，2015），AtSWEET17 可转运果糖（Guo 等，2014），AtSWEET11、AtSWEET12 和 AtSWEET16 同时具备转运蔗糖、葡萄糖和果糖的运输能力（Klemens 等，2013；Hir 等，2015）。再者，同一物种不同 *SWEET* 基因家族成员组织表达部位不同。这些结果暗示了 *SWEET* 基因家族参与了植物多种重要的生理功能过程。

二、植物 SWEET 蛋白结构特征

植物中的 MSTs 和 SUTs 均属于 MFS 超家族（major acilitator superfamily），它们的 N 末端和 C 末端都定位于细胞内一侧，通常含有 12 个跨膜 α－螺旋结

构域（α－helical transmembrane domains，TMs），中间面向细胞质的部分为1个大的胞质环，可将蛋白分为各含6个TMs的N端和C端两个结构域（Buttner和Sauer，2000；Sauer，2007）。N端和C端存在方式为假二次轴对称，二者拓扑结构较为相似，每个结构域的6个TMs可拆分为由3个TMs组成的以反向平行方式对称的两个重复单元（Hirai等，2003）。

植物SWEET蛋白属于MtN3/saliva家族，N末端定位于细胞胞质的外侧，C末端定位于细胞内侧，通常包括7个TMs，而第4个TM保守性较差，起连接桥的作用，因此可将SWEET蛋白分为各含3个TMs的MtN3/saliva的两个结构域，从而形成3－1－3的结构形式（Forrest等，2011）。研究还发现，3个TMs以TM1－TM3－TM2的形式排列从而形成三螺旋束结构（triple－helix bundles，THB）。这些研究充分表明，SWEET蛋白的拓扑结构与MSTs、SUTs差异较大，这也可能是SWEET能够发挥从胞内向胞外运输糖类物质功能的重要原因之一。此外，由于原核生物SWEET同源蛋白序列中只包含1个由3个TMs组成的MtN3/saliva结构域，所以被命名为SemiSWEET（Xuan等，2010）。推测这可能是生物分子在进化过程中，原核生物1个MtN3/saliva结构域发生了复制融合或横向基因转移（horizontal gene transfer）融合，致使真核生物产生了包含2个MtN3/saliva结构域的SWEET蛋白。

Xuan等对SWEET蛋白截短互补实验时发现，SWEET蛋白行使糖运转载体功能需要寡聚化形成同源或异源多聚体，真核生物SWEET蛋白形成二聚体，原核生物SemiSWEET形成四聚体（Xuan等，2010）。4个细菌SemiSWEET蛋白高分辨率三维结构已被解析，并发现两个SemiSWEET蛋白单体形成对称同源二聚体，从而构成基本运输孔隙单元。另外，TM2的色氨酸与TM3的天冬酰胺残基是SemiSWEET蛋白行使糖运转功能的关键位点（Xu等，2014；Wang等，2014；Lee等，2015；Feng和Frommer，2015）。目前唯一一个三维结构被解析的真核生物SWEET蛋白是水稻OsSWEET2b蛋白（Tao等，2015）。Tao等研究发现，1个OsSWEET2b蛋白单体即可形成基本运输孔隙单元，N端区域由TM4与THB1构成，C端区域由THB2构成。由于TM4与THB1、THB2结合程度的紧密性不一致，致使THB1与THB2结构上存在差异，两者不对称排列。在原核生物中，SemiSWEET同源二聚体两个THBs呈对称排列（Tao等，2015）。另外，OsSWEET2行使葡萄糖运转功能的关键位点为 TM2 的半胱氨酸、TM3 和 TM7 的天冬酰胺以及 TM6 的苯丙氨酸（Tao 等，2015）。研究还发现，SemiSWEET 或 SWEET 蛋白具有 3 种构象：细胞外开口（outward open conformation）、细胞内开口（inward open conformation）和闭合（occluded conformation）。

三、*SWEET* 基因家族生理功能

（一）参与韧皮部装载

光合产物如糖类物质在叶片中合成后，通过韧皮部装载（phloem loading）、长距离运输（long distance transport）和库器官的韧皮部卸载（phloem downloading）等过程，从而实现光合产物在源、库器官之间的转运和分配。植物中，以质外体途径为主的韧皮部装载是光合产物蔗糖的主要运输形式，蔗糖转运蛋白协助该途径蔗糖的跨膜运输过程（Rennie 和 Turgeon，2009）。2012 年，Chen 等首次发现 AtSWEET11 和 AtSWEET12 参与了糖类从韧皮部薄壁细胞运输至质外体过程，且二者均定位在叶片韧皮部薄壁细胞质膜上。他们的研究也表明了，作为植物糖外流载体 SWEET 蛋白参与了蔗糖韧皮部质外体输出过程（Chen 等，2012）。

水稻 OsSWEET11（Os8N3/Xa13）是一种蔗糖低亲和型运输载体，定位于质膜上，主要表达部位为水稻叶片组织韧皮部（Chen 等，2012）。推测 OsSWEET11在韧皮部薄壁细胞中表达，可能参与蔗糖在水稻韧皮部装载的过程（Chu 等，2006）。

（二）参与果实发育

以蔗糖、葡萄糖以及果糖为代表的可溶性糖的含量是影响果实品质的重要指标之一。由于 *SWEET* 基因家族在植物中具有糖类物质运输载体的能力，所以预测它们也可能参与调控果实发育过程。在甜橙（*Citrus sinensis*）中，其基因组所包含的 16 个 *SWEET* 基因家族成员有 7 个（*Cs2g*28300、*Cs3g*14550、*Cs7g*02970、*Cs3g*14500、*Cs3g*20720、*Cs2g*04140 以及 *orange*1. 1*t*02627）在果实中高度表达（Zheng 等，2014）。*VvSWEET*4、*VvSWEET*7、*VvSWEET*10、

*VvSWEET*11、*VvSWEET*15 以及 *VvSWEET*17*d* 等 6 个 *SWEET* 基因成员在葡萄浆果发育过程中表达量显著提高（Chong 等，2014）。苹果（*Malus domestica*）基因组中 *SWEET* 基因家族成员较多，为 29 个，其中在幼果期表达量较高的为 *MdSWEET*1. 1/2、*MdSWEET*2. 4 以及 *MdSWEET*3. 5；在成果期表达较高的为 *MdSWEET*3. 6/7（Wei 等，2014）。在番茄幼果中 *SlSWEET*1*b*、*SlSWEET*1*c*、*SlSWEET*2*a*、*SlSWEET*7*a* 和 *SlSWEET*14 的表达量较高，但这 5 个基因的表达量又随着果实的不断成熟又逐渐降低；*SlSWEET*12*c* 的表达量在幼果中较低，随着果实绿熟期的到来其表达量又迅速提高，并达到最大值，然后再有所降低（Feng 等，2015）。在野生番茄花后 33d 的果实中，*SlSWEET*12*c* 与 *SlSWEET*14 表达最强；在花后 20d 果实中 *SlSWEET*10*a* 与 *SlNEC*1 的表达量达到最大值（Feng 等，2015）。这些结果充分表明，SWEET 可能参与了果实中可溶性糖的运输与分配过程，从而影响果实的产量和品质。

（三）参与蜜腺分泌

植物蜜腺可分泌花蜜，诱引昆虫前来采蜜，帮助植物完成传粉，因而保证了种群的延续性。在矮牵牛（*Petunia hybrida*）蜜腺薄壁细胞中，花蜜分泌量与 *NEC*1（拟南芥 *AtSWEET*9 同系物）的表达量密切相关，抑制 *NEC*1 基因的表达可导致植株雄性不育（Ge 等，2000）。在拟南芥中，*AtSWEET*9 定位在质膜上，在蜜腺薄壁细胞中特异性表达，能够运输蔗糖。*atsweet*9 突变体中的花蜜分泌量减少，说明 *AtSWEET*9 可调控蜜腺花蜜的分泌（Lin 等，2014）。芜菁（*Brassica rapa*）和烟草（*Nicotiana attenuata*）中也存在 *AtSWEET*9 同源基因，*BrSWEET*9 或 *NaSWEET*9 的表达被抑制后致使突变体植株中花蜜分泌量减少，暗示 *BrSWEET*9 与 *NaSWEET*9 基因也参与调控蜜腺花蜜分泌过程（Lin 等，2014）。

（四）参与种子发育

可溶性糖类物质的运转能力也影响种子的大小和重量，决定着农作物的产量（Wang 等，2008）。在长期驯化过程中，可溶性糖的代谢和运输与小麦、玉米、水稻等作物种子粒型密切相关。通过筛选玉米不同的基因表达数据库，发现在种子中 *ZmSWEET*4*c* 高度表达。玉米与其祖先蜀黍（*Zea mays L.* ssp.

parviglumis）中 *ZmSWEET4c* 的表达量水平也不同，因此推测在玉米驯化过程中 *ZmSWEET4c* 参与调控糖转运过程。此外，研究还表明 *ZmSWEET4c* 定位于基底胚乳转移层（basal endosperm transfer layer）细胞膜上，*ZmSWEET4c*基因 T－DNA 插入突变体胚乳变小，种子淀粉含量和重量显著降低，甚至还出现“空种皮”的表型，这说明，*ZmSWEET4c* 参与调控玉米种子的灌浆过程（Sosso 等，2015）。在水稻中，*OsSWEET4* 为 *ZmSWEET4c* 同源基因，其表达谱、运输底物特性与玉米 *ZmSWEET4c* 较为一致。同时，水稻*OsSWEET4*基因突变体植株的表型也与 *ZmSWEET4c* 基因 T－DNA 插入突变体表现较为相似，因此，暗示了 *OsSWEET4* 基因参与调节水稻种子灌浆过程以及水稻驯化过程中的糖转运过程（Sosso 等，2015）。

在大豆基因组中含有 52 个 *SWEET*（*GmSWEET*）基因家族成员，它们中的绝大部分均在种子中表达，伴随着种子灌浆期的发育其表达量逐渐提高，种子成熟后，其表达量又逐渐下降，表明 *GmSWEET* 参与调控大豆种子的发育过程（Patil 等，2015）。拟南芥 *AtSWEET11*、*AtSWEET12* 与 *AtSWEET15*（SAG29）定位在质膜上，作为糖运输载体在种子中的表达具有时空特异性。构建了拟南芥 *atsweet11/atsweet12/atsweet15* 三突变体，其种子胚发育迟缓，种子重量、淀粉含量以及油脂含量均显著降低，差异具有显著性。另外，种子还具有出皱缩、干瘪性状（Chen 等，2015）。上述研究结果充分证实，SWEET 参与韧皮部蔗糖运输过程，运输蔗糖从母体组织至种子，在胚的发育过程中提供营养物质（Chen 等，2015）。

（五）参与花粉发育

植物花粉的发育以及植株育性植物还受到 *SWEET* 基因家族的调控。拟南芥 *SWEET* 基因家族中的 *AtSWEET1*、*AtSWEET5*、*AtSWEET7*、*AtSWEET8*（*RPG1*）、*AtSWEET13*（*RPG2*）等均在花粉发育中进行表达，暗示它们可能参与调控拟南芥生殖发育过程。*AtSWEET8* 基因主要在小孢子母细胞和绒毡层中高水平表达，因此致使 *atsweet8* 突变体植株四分体时期的小孢子质膜无法构成规则状的波浪形结构，使孢粉素无法正常沉积，所以影响花粉外壁的发育和花粉的降解，最终显著降低 *atsweet8* 突变体植株的雄性育性（Guan 等，2008；Sun 等，2013）。在花药中，*AtSWEET13* 基因也有表达，由于 *atsweet13*

突变体植株花粉外壁的网状结构缺陷较轻，所以 *atsweet*13 突变体育性不受影响且与野生型之间差异不明显（Sun 等，2013）。*atsweet*8 突变体的育性可被 *AtSWEET*13 部分回复，*atsweet*8/*atsweet*13 的育性比 *atsweet*8 单突变体降低更为显著，说明了 *AtSWEET*8 与 *AtSWEET*13 在调控植株育性方面存在部分冗余（Sun 等，2013）。进一步研究发现，*AtSWEET*8 主要参与调控拟南芥花序的早期发育，而 *AtSWEET*13 主要参与调控花序的后期发育（Guan 等，2008；Sun 等，2013）。*AtSWEET*1 主要在拟南芥的花原端和雄蕊原基中表达，暗示 *At-SWEET*1 可为发育中的配子体提供营养（Wellmer 等，2006）。此外，*At-SWEET*5（*VEX*1）主要在花粉营养细胞中表达，*AtSWEET*7 主要在花粉发育期表达（Bock 等，2006；Engel 等，2005）。矮牵牛 *NEC*1 基因除了在蜜腺薄壁细胞中表达之外，在雄蕊的花药裂口细胞（anther stomium cell）和花丝中也有表达。*NEC*1 敲除突变体花药早裂，产生雄性不育现象（Ge 等，2000；Ge 等，2001）。

水稻的 *SWEET* 基因也参与了调控花粉的育性过程。例如 *OsSWEET*11 基因定位在细胞质膜，在水稻小穗和花粉中高度表达，*OsSWEET*11 基因表达被干扰后可致使花粉发育停留在单核花粉期或二核花粉期，使花粉中淀粉含量和花粉发育降低，导致植株不育或半不育（Yang 等，2006；Yuan 等，2010）。此外，*OsSWEET*1*a*、*OsSWEET*2*a*、*OsSWEET*3*a*、*OsSWEET*5 和 *OsSWEET*15 在花或圆锥花序的不同发育阶段高度表达，表明这些基因都可能参与调控水稻的生殖发育过程（Yuan 等，2013）。

甜橙中 *SWEET* 基因家族中的成员中的 5 个成员（*Cs*7*g*02970、*Cs*3*g*14550、*Cs*3*g*20720、*Cs*9*g*04180 和 *Cs*2*g*28270）在花中高度表达（Zheng 等，2014）。番茄 *SWEET* 基因家族中的 *SlSWEET*5*b*（*LeSTD*1）在花中表达量最高，特异性地表达于成熟花粉粒中（Feng 等，2015；Salts 等，2005）。在葡萄花中表达量较高的 *SWEET* 基因家族成员为 *VvSWEET*3、*VvSWEET*4、*VvSWEET*5*a*、*VvSWEET*5*b*、*VvSWEET*7、*VvSWEET*10 和 *VvSWEET*11（Chong 等，2014）。大豆 52 个 *SWEET* 家族成员中有超过 20 个在花中高度表达（Patil 等，2015）。烟草 *TOBC*023*B*06 基因在雄花柱头上特异性表达（Quiapim 等，2009）。

（六）参与叶片衰老

SWEET 基因家族在植物衰老过程中也发挥重要作用。水稻 *OsSWEET*5 主要在衰老叶片中表达，具有半乳糖运输活性。过表达 *OsSWEET*5 影响植株叶片中可溶性糖与 IAA 的含量，因而植株从幼苗期就出现生长延迟和早衰症状（Zhou 等，2014）。在水稻基因组中可能还存在其他也具有半乳糖运输功能的 *SWEET* 基因，并且与 *OsSWEET*5 功能冗余，因此敲除 *OsSWEET*5 基因后植株的表型没有受到任何影响（Zhou 等，2014）。拟南芥 *AtSWEET*15 基因主要在衰老的叶片中表达，*AtSWEET*15 基因过表达植株生长延迟，叶片衰老加速，推测 *SWEET* 基因过量表达可能影响可溶性糖的分配流向或引起可溶性糖外渗，因此，植株正常生理过程受到影响，但 *AtSWEET*15 T－DNA 插入突变体植株表型与野生型对照组相比无显著差异（Quirino 等，1999；Seo 等，2011）。

（七）参与离子运输

在调控植物离子运输过程中 *SWEET* 基因家族成员也发挥重要作用。*AtSWEET*1基因可能参与维持拟南芥根系中铝离子的含量，当根系被铝离子（25μmol/L）处理后，*AtSWEET*1 的表达量上调约 160 倍（Zhao 等，2009）。在大豆中，*AtSWEET*12 的同源基因为 *Glyma*05*g*38351，当大豆幼苗缺铁胁迫 1 h后，叶片中 *Glyma*05*g*38351 的表达量上调约 3 倍，拟南芥 *AtSWEET*13 同源基因（*Glyma*05*g*38340 和 *Glyma*08*g*01310）的表达量显著下调。上述研究结果说明，大豆 *SWEET* 基因 *Glyma*05*g*38351、*Glyma*05*g*38340 和 *Glyma*08*g*01310 参与调控铁元素在大豆体内的运输与分配过程（Lauter 等，2014）。大麦（*Hordeum vulgare*）幼苗受到分铵态氮（$NH4^+$）与硝态氮（NO_3^-）处理后，发现在铵态氮处理植株中 1 个 *SWEET* 基因的表达显著高于硝态氮处理植株，该基因与拟南芥 *AtSWEET*11 高度同源，因此，暗示该基因参与调控氮元素细胞间的运输过程（Lopes 和 Araus，2008）。缺硼处理可导致苜蓿（*Medicago truncatula*）*SWEET* 基因家族表达水平明显降低，影响共生根瘤的形成，补充钙离子能快速恢复被下调的 *SWEET* 基因，说明 *SWEET* 基因家族参与了钙/硼离子平衡过程（Redondo－Nieto 等，2012）。利用酵母双杂系统，以水稻

OsSWEET11保守结构域作为诱饵，筛选到2个互作蛋白COPT1和COPT5，它们定位在质膜上，为铜离子转运蛋白（Quiapim等，2009）。在酵母铜离子载体功能缺失突变体*MPY*17中，同时表达OsSWEET11、COPT1、COPT5才能恢复酵母铜运输功能，说明三者相互作用，形成一个转运蛋白复合体，发挥铜离子的跨细胞膜运输功能，将铜离子从细胞外运输至细胞内（Quiapim等，2009）。此外，过表达*OsSWEET*11、*COPT*1和*COPT*5，能显著提高水稻地上组织以及根中铜离子的含量，降低木质部液流中的铜离子含量（Quiapim等，2009）。因此，这些研究结果充分说明OsSWEET11调控水稻中铜离子的再分配和运输过程。

四、逆境对*SWEET*基因家族表达的影响

细胞内可溶性糖类物质作为能量物质来源的同时，也参与了植物逆境胁迫响应过程。在植物受到逆境胁迫时，为了维持细胞渗透压的平衡，通过调节体内可溶性糖类物质的再分配，从而维持植物的正常生命活动（Yamada等，2010）。在植物糖类物质响应逆境胁迫时，糖转运蛋白是可溶性糖类物质再分配的关键因子，参与了这一生理过程。低温胁迫茶树（*Camellia sinensis*），可导致*CsSWEET*2、*CsSWEET*3和*CsSWEET*16表达显著被抑制，*CsSWEET*1和*CsSWEET*17被明显诱导（Yue等，2015）。高糖、高盐、高温以及低温胁迫时，番茄叶片、根、果实中多个*SlSWEET*基因表达量发生显著变化，进一步研究发现，*SlSWEET*基因家族成员的启动子区域存在多个与逆境、激素响应相关顺式作用元件。

拟南芥*AtSWEET*16与*AtSWEET*17也参与了非生物胁迫响应过程。拟南芥*AtSWEET*17参与果糖的双向运输，从而维持叶片与根细胞质中果糖的平衡，提高植株对低氮、低温等非生物胁迫的耐受性。*atsweet*17突变体植株在低氮、冷胁迫时叶片中果糖含量显著提高，根生长量明显降低；*AtSWEET*17过表达植株在受到冷胁迫时导致叶片中果糖含量降低80%，根生长量显著增加（Chardon等，2013）。低温、渗透胁迫以及低氮处理拟南芥，均可导致*AtSWEET*16的表达量显著降低；过表达*AtSWEET*16基因植株细胞内可溶性糖类物质含量降低，种子发芽率和耐寒性提高；当氮供应充足时，*AtSWEET*16

过表达植株生长效率与氮肥利用率显著高于野生型对照组；但当氮供应不足时，AtSWEET16 过表达植株氮利用率明显低于野生型植株（Klemens 等，2013）。上述结果说明了 *AtSWEET*16 参与调控拟南芥的多种非生物胁迫过程，并且在不同非生物胁迫响应中的功能相对独立（Klemens 等，2013）。

拟南芥 *AtSWEET*15 在调控叶片衰老过程的同时还参与了逆境胁迫响应过程。低温、干旱、高盐胁迫均可诱导 *AtSWEET*15 的表达，该过程可能与脱落酸信号途径密切相关（He 等，2008）。*AtSWEET*15 过表达植株叶片衰老速度加快且对盐胁迫超敏感，其原因可能是过表达 *AtSWEET*15 植株根细胞活力显著降低。*atsweet*15 突变体对盐胁迫不敏感，提高了对盐胁迫的耐受性（Seo 等，2011）。*AtSWEET*11 与 *AtSWEET*12 具备蔗糖、葡萄糖和果糖运输能力，在叶片、花茎木质部导管中负责蔗糖的运输（Le 等，2015）。*atsweet*11/*atsweet*12在低温胁迫后，导致茎的直径、茎韧皮部以及木质部的面积均显著降低，对低温的耐受性显著增强（Le 等，2015）。进一步研究发现，*AtSWEET*11 与 *AtSWEET*12 既具有韧皮部装载功能，又能够将糖类物质运输至次生木质部，为次生细胞壁的形成提供营养物质，从而调控拟南芥对逆境的耐受性（Le 等，2015）。此外，水分胁迫还可以导致 *AtSWEET*11、*AtSWEET*12 表达量发生变化。水分不足时，韧皮部中 *AtSWEET*11、*AtSWEET*12 和 *AtSUC*2 表达增加，可增强蔗糖从叶片向根系的运输能力；而根中 *AtSUC*2、*AtSWEET*11、*At-SWEET*12、*AtSWEET*13、*AtSWEET*14、*AtSWEET*15 的表达量也显著提高，说明这些基因均参与了根中蔗糖韧皮部卸载过程（Durand 等，2016）。

第二节　植物 *SWEETs* 基因在抗病反应中的作用

细菌、真菌等植物病原菌入侵植物，可导致植物 *SWEET* 基因表达上调，使糖类物质从植物细胞进入病原菌细胞中，从而使其大量繁殖。在水稻 21 个 *SWEET* 基因家族成员中，*OsSWEET*11、*OsSWEET*12、*OsSWEET*13、*OsSWEET*14、*OsSWEET*15 均可为水稻白叶枯病菌（*Xanthomonas oryzae* pv. *oryzae*）提供营养。当水稻感染白叶枯病菌后，白叶枯病原菌分泌特定转录激活（transcription activator - like, TAL）效应因子，TAL 效应因子靶向结合在目标*OsSWEET*基因的启动子特异元件区域，上调该 *OsSWEET* 基因的表达，使更多糖类物质外流至病原菌中，病原菌从而得以繁殖，植物发生感病。*OsSWEET*11（Yang 等，2006）、*OsSWEET*12（Li 等，2013）、*OsSWEET*13（Liu 等，2011；Hu 等，2014）以及 *OsSWEET*15 各与 1 个 TAL 效应因子结合（Streubel 等，2013），而 *OsSWEET*14（Yang 和 White，2004；Antony 等，2010；Römer 等，2013；Yu 等，2013；Streubel 等，2013）可以与 4 个 TAL 效应因子结合。

在其他植物中，病原菌也可诱导 *SWEET* 基因家族表达。如木薯（*Manihote sculenta*）*MeSWEET*10*a* 能够被细菌性枯萎病（*Xanthomonas axonopodis* pv. *manihotis*）TAL20 效应因子诱导（Cohn 等，2014），甜橙 *CsSWEET*1 可被细菌性溃疡病（*Xanthomonas citris* sp. *citri*）PthA4 和 PthAw 效应因子诱导（Hu 等，2014），葡萄 *VvSWEET*4 可参与调控灰霉病原菌（*Botrytis cinerea*）侵染过程（Chong 等，2014）。*AtSWEET*4 是葡萄 *VvSWEET*4 在拟南芥中的同源基因，拟南芥被灰霉病菌侵染后导致 *AtSWEET*4 表达量显著增加，但 *atsweet*4 突变体对灰霉病菌却不敏感（Chong 等，2014）。此外，*AtSWEET*2 定位于根细胞液泡膜上，拟南芥根系被腐霉菌（*Pythium irregulare*）侵染后可迅速上调 *AtSWEET*2的表达，*atsweet*2 突变体对腐霉菌也不敏感，推测 *AtSWEET*2 可能为腐霉菌的生长繁殖提供葡萄糖（Chen 等，2015）。番茄细菌性叶斑病菌（*Pseudomonas syringae* pv. *tomato* DC3000）、白粉菌（*Golovinomyces cichoracearum*）以及根肿病菌（*Plasmodiophora brassicae*）可诱导拟南芥多个*AtSWEET*基因的表达（Siemens 等，2006 ）。此外，细菌性疮痂病菌（*Xanthomonas campestris* pv. *vesicatoria*）可诱导辣椒（*Capsicum annuum*）*SWEET* 基因（*UPA*16）的表达（Kay 等，2009）；条锈病菌（*Puccinia striiformis*）可诱导小麦（*Triticum aestivum*）*SWEET* 基因的表达（Yu 等，2010）。

这些研究结果充分表明，*SWEET* 基因家族确实在宿主与病原菌互作中发挥重要的作用，目前仅个别 *SWEET* 基因与病原菌互作的机理已探明。特定病原菌特异性识别特定 *SWEET* 基因的机理还不清楚，探明这些机制可帮助科学家们利用分子生物学方法改造病原菌的致病位点，获得抗性农作物。此外，*SWEET* 家族基因不仅能为植物病原菌提供糖类物质，也可为有益微生物提供

营养，例如根瘤菌可诱导苜蓿 *MtSWEET*11 的表达，在共生根瘤形成时，为其提供糖类物质。

第三节　*SWEETs* 基因在拟南芥甘油激酶基因 *NHO*1 调控的非寄主抗性中的作用

SWEET 是一类新的糖类物质运输载体。SWEET 蛋白可以被多种病原细菌或者真菌强烈地诱导，暗示了它们作为糖类物质运输载体，可能参与植物的免疫反应中。*Pst.* DC3000 侵染拟南芥后，诱导拟南芥 *AtSWEET*4、*AtSWEET*5、*AtSWEET*7、*AtSWEET*8、*AtSWEET*10、*AtSWEET*12 和 *AtSWEET*15 的高水平的表达。而Ⅲ型分泌系统缺失突变株的 DC3000（*ΔhrcU*），不能有效地将效应因子注入宿主细胞中，削弱了其致病能力，导致不能有效诱导上面 7 个基因中的 *AtSWEET*4，*AtSWEET*5 和 *AtSWEET*15。说明了依赖于Ⅲ型分泌系统的方式可以调节 *SWEET* 基因的丰度。真菌病原菌白粉霉菌（*Golovinomy cescichoracearum*）可以显著地诱导 *AtSWEET*12 的表达（Chen 等，2012）。说明了拟南芥 *SWEET* 基因参与了拟南芥的抗病反应。鉴于此，著者将深入探讨拟南芥 *SWEET* 基因在甘油激酶（*NHO*1）调控的非寄主抗性中的作用。

一、研究方法

（一）拟南芥接种假单胞菌后 *SWEET* 基因定量分析

假单胞菌 NPS3121 接种拟南芥 Col－0、*nho*1、*gpdhc* 以及 *nho*1/*gpdhc*。接种后的拟南芥 Col－0、*nho*1、*gpdhc* 以及 *nho*1/*gpdhc* 在不同时间点取材，提取其 RNA，反转录成 cDNA，通过定量 PCR 方法，检测 *SWEET* 基因的表达水平，所用引物如表 8－1 所示。

表 8－1　*SWEET* 基因表达分析引物

基因	基因 ID	引物序列（5′－3′）		长度
*SWEET*1	AT1G21460	Sweet1F	CTTCTCCACTCTCCATCATGAGATT	232
		Sweet1R	CATCTGCAGATTTCTCTCCTTTGT	
*SWEET*2	AT3G14770	Sweet2F	AACAGAGAGTTTAAGACAGAGAGAAG	145
		Sweet2R	ATCCTCCTAAACGTTGGCATTGGT	
*SWEET*3	AT5G53190	Sweet3F	CCAACTTTTCCCTAATCTTTGTTCTTC	133
		Sweet3R	AACACCCTTGAAAATGTTACTATTGGA	
*SWEET*4	AT3G28007	Sweet4F	CCATCATGAGTAAGGTGATCAAGA	128
		Sweet4R	CAAAATGAAAAGGTCGAACTTAATAAGTG	
*SWEET*5	AT5G62850	Sweet5F	TGACCCTTATATTTTGATTCCAAATGGT	151
		Sweet5R	GCCAAGTTCGATTCCAGCATTC	
*SWEET*7	AT4G10850	Sweet7F	GACCCATTCATGGCTATACCAAAT	240
		Sweet7R	ATCCCATAATCCGAAGTTTAATAACACT	
*SWEET*8	AT5G40260	Sweet8F	TTGCTCTCTTCTTCATCAATCTCTCT	150
		Sweet8R	AGATCCTCCAGAAAGTCTTCGCT	
*SWEET*10	AT5G50790	Sweet10F	TAGAGGAAGAGAGAGGGAGAGAGT	201
		Sweet10R	ATATACGAACGAACGTCGGTATTG	
*SWEET*11	AT3G48740	Sweet11F	TCCTTCTCCTAACAACTTATATACCATG	131
		Sweet11R	TCCTATAGAACGTTGGCACAGGA	
*SWEET*12	AT5G23660	Sweet12F	AAAGCTGATATCTTTCTTACTACTTCGAA	204
		Sweet12R	CTTACAAATCCTATAGAACGTTGGCAC	
*SWEET*15	AT5G13170	Sweet15F	CAATGACATATGCATAGCGATTCCAA	153
		Sweet15R	GGACTCATCACGACAATACTCTTAAG	
*SWEET*17	AT4G15920	Sweet17F	AGTGACAACAAAGAGCGTGAAATAC	211
		Sweet17R	ACTTAAACCGTTGCTTAAACCAACC	

（二）*SWEET*4 过表达和干扰载体的构建及转化拟南芥

*SWEET*4 过表达载体选用 pBI121，干扰载体选用 pFGC5941，其图谱见附录 1。引物序列如表 8－2 所示。

表 8－2 表达载体构建引物

基因	基因 ID	引物序列（5′－3′）	
SWEET4	AT3G28007	OESWEET4F	GCTCTAGAATGGTTAACGCTACAGTTGCGAG
		OESWEET4R	CGAGCTCTCAAGCTGAAACTCGTTTAGCTTG
SWEET4	AT3G28007	RIsweet4F	GCTCTAGACCATGGGGAGAGATGGTGTTTGTAGGAAG
		RIsweet4R	CGGGATCCGGCGCGCCCTTGTCCACTGTTGCCACTAAG

农杆菌感受态细胞制备：划平板，28℃，培养 2d。将新鲜的农杆菌单菌落接种到 10mL 液体 LB 培养基（Rif 20mg/L + Gen 30mg/L）中。28℃，160rpm 培养过夜。取 1mL 菌液转移至 200mL 液体 LB（Rif 20mg/L + Gen 30mg/L）中，在 1L 三角瓶中，28℃，160rpm 培养 10h。室温 5000rpm 离心 10min，弃上清液，TE 缓冲液（pH 8.0）悬浮菌体。室温，5000rpm 离心 10min，弃上清液。将细胞悬浮到原来 1/10 体积的 LB 与甘油混合液中（终浓度为 25%）。以每管 250μL 量，分装感受态细胞，液氮速冻，于 －70℃ 超低温冰箱保存。

农杆菌 GV3101 感受态细胞的转化：取出 －70℃ 超低温冰箱保存的农杆菌感受态细胞，冰上解冻。刚解冻时，在 250μL 感受态细胞中加入 3μL 含植物表达载体质粒（100 ng/μL），轻轻混匀。冰浴 5min。液氮冷激 5min。37℃ 水浴热激 5min，至菌体溶解。加入 900μL 室温的 LB 液体培养基，28℃，200rpm 振荡培养 4h。室温，5000rpm 离心 5min。弃 900μL 上清液，取 1/2 体积悬菌体涂布于 YEB 固体平板上（Rif 20mg/L + Gen 30mg/L + Kan 50mg/L），28℃，倒置培养 2d。

农杆菌 GV3101 菌落 PCR 检测：随机挑取转化板上的单菌落进行菌落 PCR 检测。

根癌农杆菌 GV3101 介导的拟南芥遗传转化：当拟南芥植株生长至主花序 10 cm 左右，次花序开始形成时，剪掉已开花或将要开花的花苞，进行拟南芥的遗传转化。挑新鲜的单菌落于含有适当抗生素的 40mL LB 培养基中，培养 24h。将 40mL 菌落转接于含有适当抗生素的 20mL LB 培养基中，继续培养 24h。28℃，4000rpm 离心 10min。弃上清液，加入 50mL5% 蔗糖溶液，可不灭菌。加入 Silwet L－77 10 μL（终浓度为 0.2‰）。将花盆倒放，使花苞浸入菌液，侵染15s。浇水，暗培养24h。24h后取出，然后培养植株至种子成熟。

转基因种子筛选： 收取成熟的拟南芥转基因 T_0 代种子，在含有抗生素的1/2MS平板上进行筛选。

转基因植株的检测： 将在含有抗生素的1/2MS平板上长出的阳性苗移栽至含有营养土和蛭石的基质中，培养室中培养至长出2～3个真叶时，剪取1个小叶片，小量提取其DNA，利用标记基因进行PCR检测。

拟南芥DNA的小量快速提取： 剪取拟南芥1个小叶片，放入1.5mL EP管中，加入200μL提取液，电钻迅速将样品磨碎。室温，7000rpm离心5min。取上清液加入等体积的异丙醇，室温，沉淀5min。室温，12000rpm离心10min。去除上清液，用75%酒精洗涤一次。开盖，室温干燥5min。加入30μL ddH_2O 溶解DNA。

（三）*AtSWEET4* 基因组织表达分析

***Psweet4*::*GUS* 载体的构建：** 克隆拟南芥 *SWEET4* 基因启动子所用引物选用了上游 *Pst* Ⅰ酶切位点，下游 *Nco* Ⅰ酶切位点，引物设计如表8－3所示。以拟南芥基因组DNA为模板，利用拟南芥 *SWEET4* 基因启动子上下游引物，进行PCR扩增。

表8－3 *Psweet4*::*GUS* 载体构建引物

基因	引物	序列（5′－3′）
SWEET4 启动子	P－SWEET4－F	AACTGCAGCCCATAGAGTAAAAAGTGAATG
	P－SWEET4－1391R	CATGCCATGGTTCACTTCAAAAGAAAAATCCG

将构建好的载体 *Psweet4*::*GUS*，利用冻融法转化根癌农杆菌GV3101，并通过农杆菌介导的方法，进行拟南芥的遗传转化。通过潮霉素抗性筛选即可得到转基因植株。

利用抗生素及分子筛选，获得转基因植株，转基因植株进行GUS染色，观察 *SWEET4* 基因组织表达情况。将植物组织放入90%丙酮中，冰上放置30min。弃去丙酮溶液，用50mmol/L磷酸缓冲液冲洗植物组织。样品放入GUS染液中，37℃真空染色过夜。用70%乙醇脱色，脱色后，样品于显微镜下观察并拍照。

（四）*AtSWEET*4 亚细胞定位

拟南芥 P_{35S}:: *SWEET4*:: *YFP* 载体的构建：对拟南芥 *SWWET*4 基因进行亚细胞定位。构建载体引物如所表 8－4 所示。

表 8－4　P_{35S}:: *SWEET4*:: *YFP* 载体构建引物

基因	引物	序列（5′－3′）
*SWEET*4	SL－SWEET4F	CCGCTCGAGCATGGTTAACGCTACAGTTGCG
	SL－SWEET4R	CCGGAATTCAGCTGAAACTCGTTTAGCTTG

利用设计好的 SL－SWEET4F 和 SL－SWEET4R，以野生型拟南芥 cDNA 为模板，进行 PCR 扩增。

拟南芥原生质体瞬时转化：准备 55℃水浴，配制酶溶液，于 55℃放置 10min，然后冷却至室温。每 10mL 酶溶液体系中加入 100μL 1mol/L $CaCl_2$ 及 100μL 10% BSA。取生长约 5 周的拟南芥叶片，放到含上述酶溶液的培养皿中，室温，50rpm 酶解 3h。用剪刀剪去 tip（1mL）的头，用滤网收集原生质体移入 10mL 离心管中，室温，1000rpm 离心 3min。弃上清液。用 7～8mL W5 solution 清洗沉淀，轻轻晃动离心管，室温，1000rpm 离心 3min。加入 2.5mL W5 solution，冰浴 30min，弃上清液，加入 2.5mL MMG（与 W5 solution 等体积），轻轻重悬。室温，1000rpm 离心 2min，吸取上清液。加入 200μL W5 solution，混匀。混匀后在显微镜下观察细胞状态。平板平放于管架上，23℃，在日光灯下过夜处理。激光共聚焦观察细胞瞬时表达情况。

二、结果与分析

（一）非寄主抗性中 *SWEET* 基因表达概况

拟南芥 Col－0 和 *nho*1 突变体叶片经非寄主假单胞菌 NPS3121 接种后，提取 RNA，q－PCR 筛选差异表达的 *SWEET* 基因。结果发现，在未接种的叶片中，*AtSWEET*1、*AtSWEET*2、*AtAtSWEET*4、*AtSWEET*11、*AtSWEET*12、*AtSWEET*15、*AtSWEET*17 均表达，其中在 *nho*1 突变体中 *AtSWEET*1、*AtSWEET*2、*AtSWEET*11、*AtSWEET*15、*AtSWEET*17 表达水平低于野生型植株，而 *At-*

*SWEET*4、*AtSWEET*12 表达水平高于野生型植株（见图 8－1）。

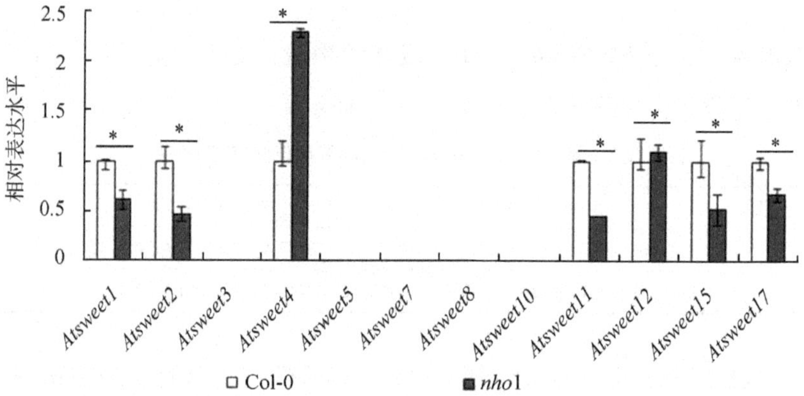

图 8－1　NPS3121 接种前拟南芥 *SWEET* 基因表达水平

注：＊P＜0.05，与拟南芥野生型 Col－0 比较。

接种 6h 后，只能检测到 *AtSWEET*4 和 *AtSWEET*12 基因的表达，在 *nho*1 突变体中，*AtSWEET*4 和 *AtSWEET*12 基因表达量迅速上调，与野生型植株之间存在显著性差异（见图 8－2）。

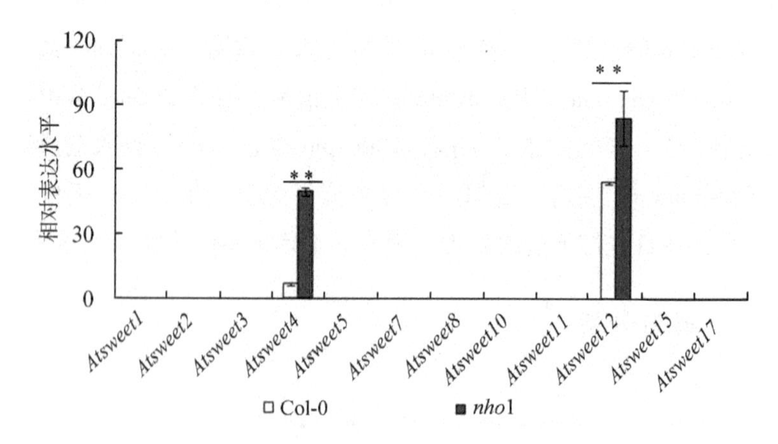

图 8－2　NPS3121 接种 6h 拟南芥 *SWEET* 基因表达水平

注：＊＊P＜0.001，与拟南芥野生型 Col－0 比较。

接种 12h 后，*AtSWEET*4 和 *AtSWEET*12 表达水平依然很高，同样在 *nho*1 突变体中，这 *AtSWEET*4 和 *AtSWEET*12 的表达依然显著高于野生型植株（见图 8－3）。

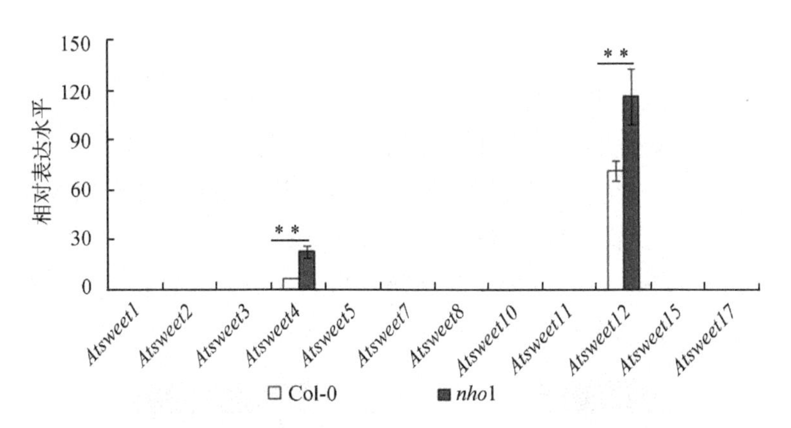

图 8-3 NPS3121 接种 12h 拟南芥 *SWEET* 基因表达水平

注：**P<0.001，与拟南芥野生型 Col-0 比较。

接种 24h 后，*SWEET*4 基因表达迅速下降，在 *nho*1 突变体和野生型中表达水平没有差异；*SWEET*12 基因的表达还处于一个较高的表达水平，*nho*1 突变体中该基因的表达迅速下调，低于野生型植株水平（图 8-4）。

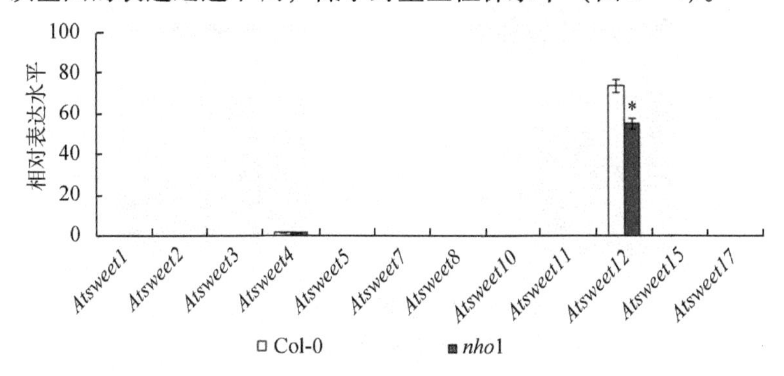

图 8-4 NPS3121 接种 24h 拟南芥 *SWEET* 基因表达水平

注：*P<0.05，与拟南芥野生型 Col-0 比较。

因此，在接种非寄主假单胞菌 NPS3121 后，*nho*1 突变体和 Col-0 中 *AtSWEET*4 和 *SWEET*12 基因表现出迅速上调，差异表达的特性，因此，推测这 2 个基因作为负调控因子参与植物非寄主抗性过程。

（二）*AtSWEET*4 基因过表达与干扰表达载体的构建

基于接种后 *AtSWEET*4 特异性地参与植物非寄主抗性过程，著者构建了 *AtSWEET*4 过表达和干扰载体，转化野生型和 *nho*1 突变体，进一步研究它们的功能。

利用过表达及干扰引物，以拟南芥 Col－0 cDNA 为模板，扩增得到了 *SWEET*4 全长 CDS 及部分 CDS 干扰序列。结果如图 8－5A、8－5B 所示。

*AtSWEET*4 过表达和 RNAi 载体转化大肠杆菌，阳性转化子以菌体为模板进行 PCR 检测，结果如图 8－5C、图 8－5D 所示。

菌落 PCR 检测正确的克隆经液体培养后，提取质粒进行双酶切检测，结果符合预期大小，如图 8－5E、图 8－5F 所示。

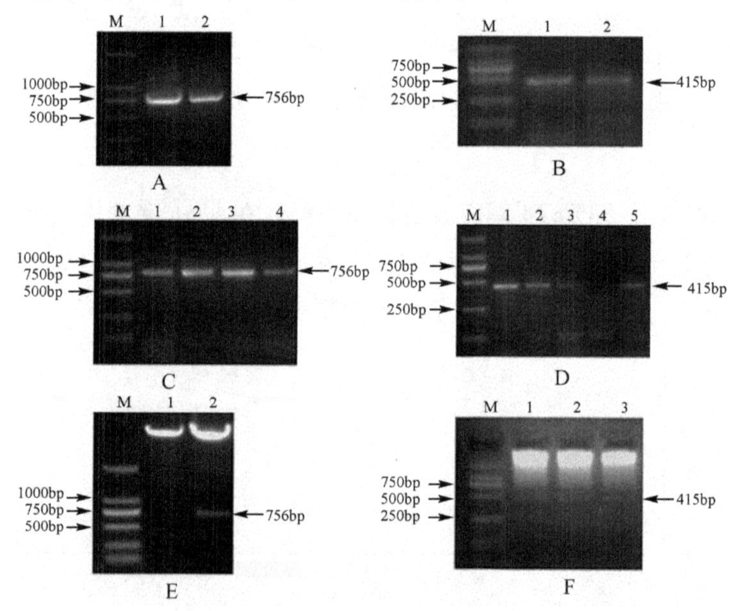

A：SWEET 4 全基因扩增电泳图

B：*AtSWEET* 4 基因干扰片段的扩增电泳图

C：*AtSWEET* 4 基因过表达载体菌落 PCR 检测

D：*AtSWEET* 4 基因干扰载体菌落 PCR 检测

E：*AtSWEET* 4 基因过表达载体双酶切检测

F：*AtSWEET* 4 基因干扰载体双酶切检测

图 8－5　*AtSWEET*4 基因过表达载体与干扰载体的构建

酶切正确的大肠杆菌转化子质粒利用冻融法转化根癌农杆菌 GV3101 中，通过菌落 PCR 检测农杆菌阳性转化子，如图 8－6 所示。

（三）转 *AtSWEET*4 基因植株的筛选

利用根癌农杆菌介导法进行转化拟南芥 Col－0 及 *nho*1 突变体，待种子成熟后，通过抗生素筛选，初步得到了转基因植株。提取转基因植株 DNA，进一步通过 PCR 方法进行检测，验证转基因植株。结果如图 8－7 所示。

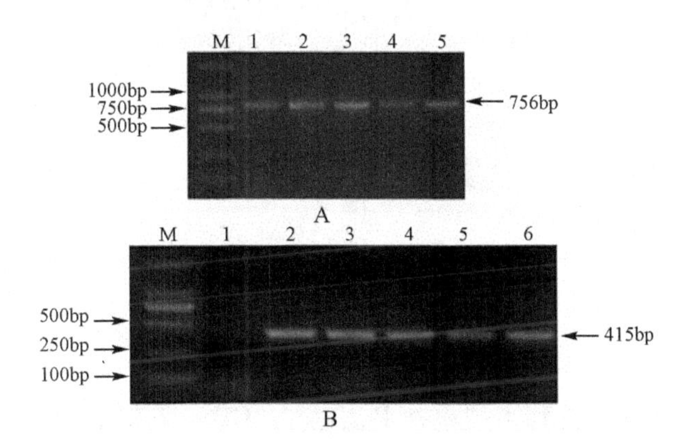

A：过表达载体。M：DL2000，1～5，不同的单菌落为模板

B：干扰载体。M：DL2000，1～6 不同的单菌落为模板

图 8－6 *AtSWEET*4 表达载体转化农杆菌 GV3101 菌落 PCR 检测

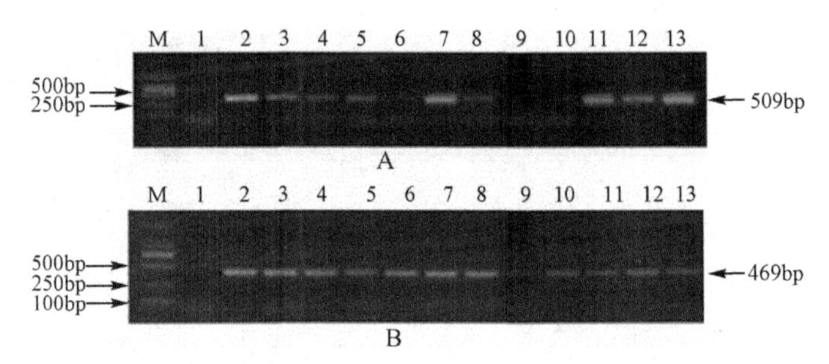

A：转 *AtSWEET*4 基因过表达载体植株的分子检测，M：DL2000，1：Col－0 为模板，2～13：*SWEET*4 转基因植株

B：转 *AtSWEET*4 基因干扰载体植株的分子检测，M：DL2000，1：Col－0 为模板，2～13：*SWEET*4 转基因植株

图 8－7 拟南芥 Col－0 转 *AtSWEET*4 基因植株分子检测

（四）*AtSWEET*4 基因表达特性分析

1. *AtSWEET*4 基因组织表达分析

利用野生型拟南芥基因组 DNA，进行 PCR 扩增 *AtSWEET*4 基因启动子序列，克隆得到的启动子经酶切，连接转化大肠杆菌，利用菌落 PCR 及酶切检测，得到了阳性转化子，结果如图 8－8 所示。

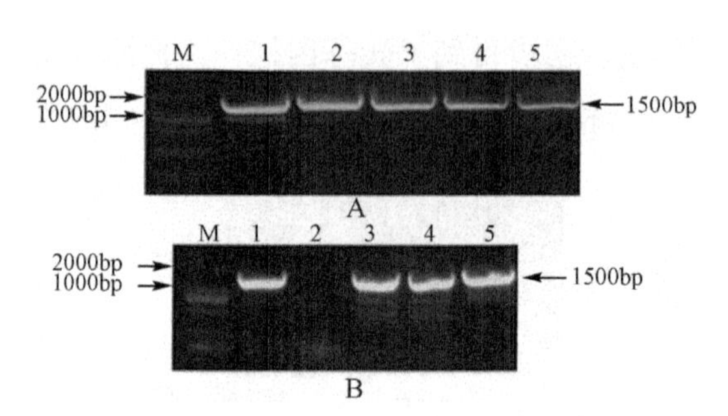

A：*AtSWEET*4 启动子的扩增，M：DL2000；1～5：PCR 扩增结果

B：$P_{AtSWEET}$:：GUS 菌落 PCR 检测

图 8－8　$P_{AtSWEET4}$:：GUS 载体的成功构建

经抗生素筛选，得到了拟南芥 $P_{AtSWEET4}$:：GUS 转基因植株。转基因植株进行 GUS 染色，结果如图 8－9 所示。在拟南芥中，*AtSWEET*4 基因主要在维管组织表达。在拟南芥幼苗、根、叶片、花瓣、雄蕊中均有表达，在种子与雌蕊中没有表达。

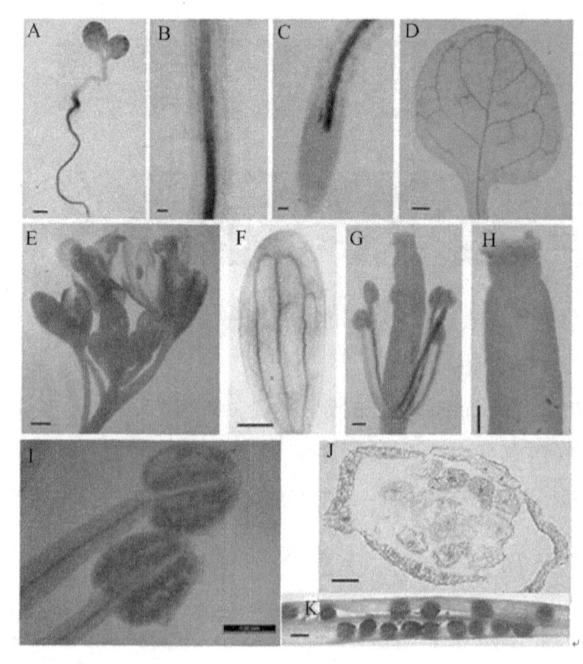

A：5d 幼苗；B：根；C：根尖；D：叶片；E：花序；F：花瓣；G：雄蕊；H 雌蕊；I：花药与花丝；J：花横切；K：种子

图 8－9　GUS 染色分析拟南芥 *SWEET*4 基因的表达定位

2. *AtSWEET4* 基因亚细胞定位

利用野生型拟南芥 cDNA，进行 PCR 扩增 *AtSWEET4* 基因全长 CDS 序列，经酶切，连接转化大肠杆菌，利用菌落 PCR 及酶切检测，得到了阳性转化子。结果如图 8－10 所示。

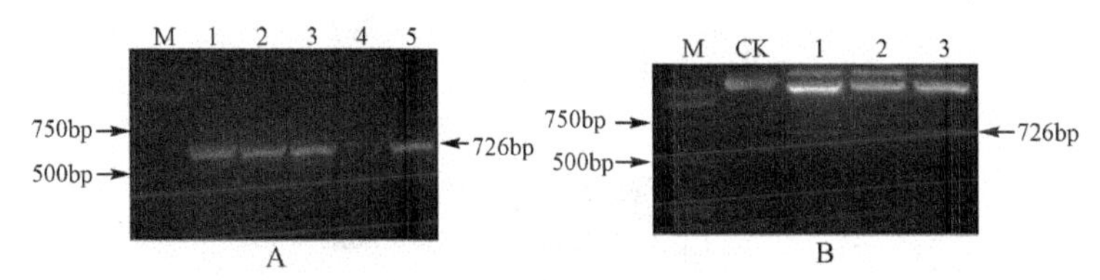

A：P_{35S}：：*AtSWEET4*：：*YFP* 菌落 PCR 检测

B：P_{35S}：：*AtSWEET4*：：*YFP*；B：P_{35S}：：*AtSWEET4*：：*YFP* 双酶切检测

图 8－10 *AtSWEET4* 亚细胞定位

将构建好的 P_{35S}：：*AtSWEET4*：：*YFP* 载体转化拟南芥原生质体，进行瞬时表达。结果发现，作为糖运输载体，拟南芥 *AtSWEET4* 基因与其他糖类物质运输载体基因一样，主要在细胞膜上表达。结果如图 8－11 所示。

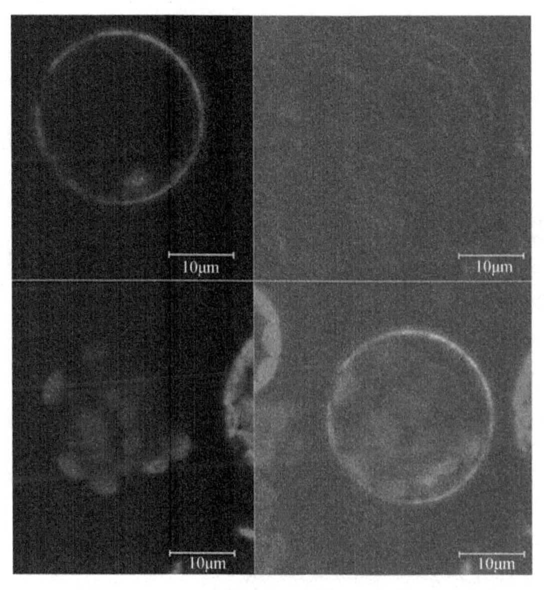

图 8－11 *AtSWEET4* 基因亚细胞定位

（五）*AtSWEET4* 转基因植株表型分析

首先分析了拟南芥干扰植株 RNAi4－8 与过表达植株 OE4－4 中 *At-*

SWEET4 表达量，野生型 Col－0 拟南芥过表达 *AtSWEET*4 基因植株中 *AtSWEET*4 基因表达量显著提高，干扰植株中 *AtSWEET*4 基因表达量显著降低（见图 8－12）。

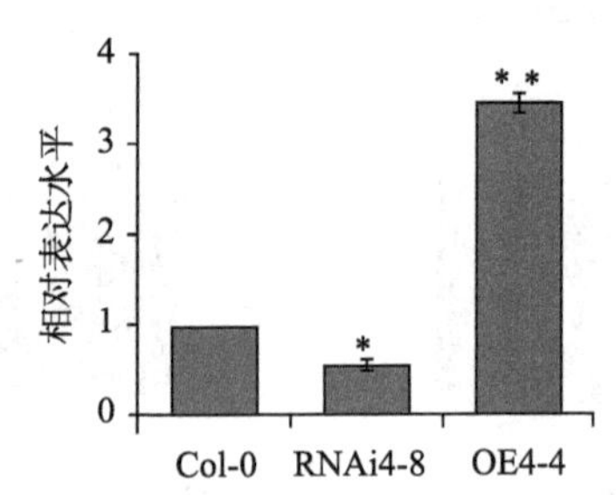

图 8－12　拟南芥 Col－0 *AtSWEET*4 基因过表达与干扰植株干扰植株 *SWEET*4 基因表达量

注：＊P＜0.05，与 Col－0 相比较显著性。

拟南芥转 *AtSWEET*4 基因植株表型不同，干扰植株 RNAi4－8 生长缓慢，叶片发黄，特别是叶脉处更明显，叶绿素含量减少，而过表达植株 OE4－4 叶片颜色与野生型植株颜色一致，生长稍微比野生型快，生物量也相对比野生型高（见图 8－13）。

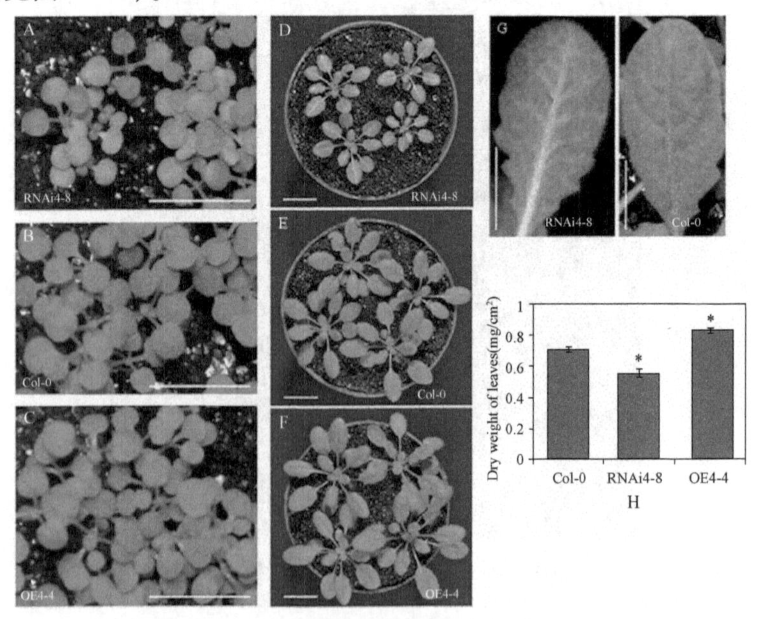

图 8－13　转 *AtSWEET*4 基因植株表型

A～G：植株表型；H：植株生物量

（六）*AtSWEET*4 基因功能分析

1. 糖类物质运输特性分析

首先利用 GC－MS 方法测定了拟南芥转 *AtSWEET*4 基因植株中葡萄糖与果糖含量，结果如图 8－14 所示，干扰植株 RNAi4－8 中葡萄糖与果糖含量显著降低，过表达植株 OE4－4 中葡萄糖与果糖含量显著增加。构建酵母双杂交载体，通过酵母的糖互补实验证实，*AtSWEET*4 基因编码蛋白可运输葡萄糖和果糖。另外，过表达植株 OE4－4 与干扰表达植株 RNAi4－8 种子在不同糖浓度下的萌发速率也不同，干扰植株种子表现出萌发迟缓的特性。在含糖培养基上，过表达植株 OE4－4 与干扰表达植株 RNAi4－8 根的生长特性也不同，在含 6% 果糖 1/2 MS 培养基上过表达植株 OE4－4 反应最为显著，根的生长表现出强烈被抑制效果（见图 8－14）。

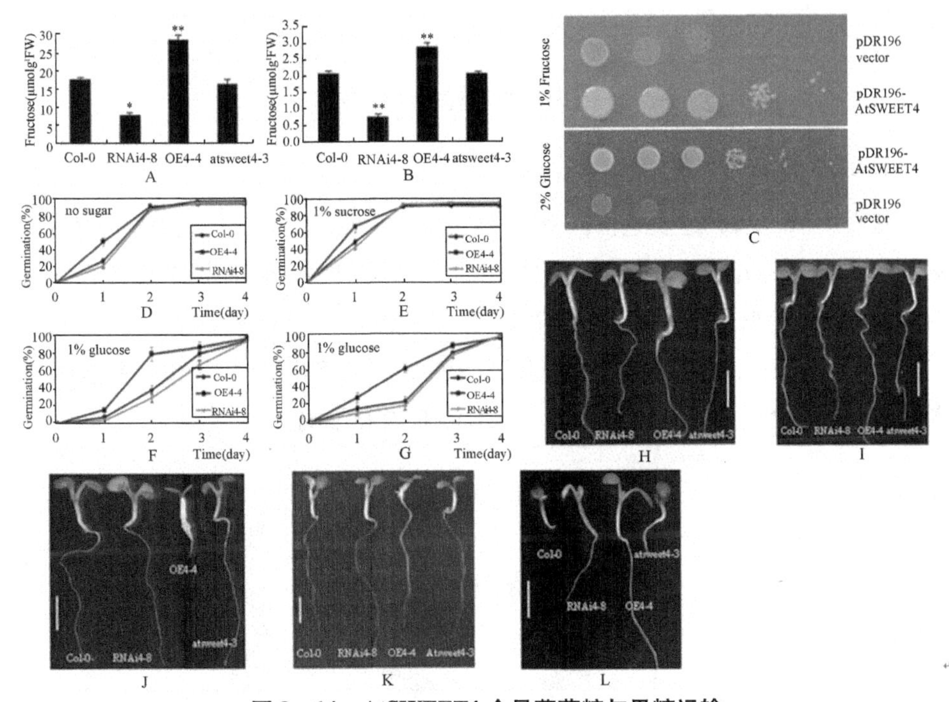

图 8－14 AtSWEET4 介导葡萄糖与果糖运输

2. 非生物胁迫反应

首先，测定了植株电导率情况，结果发现正常生长状态下，干扰植株

RNAi4 -8 中相对电导率较野生型高，而过表达植株 OE4 -4 相对电导率较野生型低。随后，干旱胁迫处理拟南芥植株发现干扰植株 RNAi4 -8 对干旱胁迫更敏感，而过表达植株 OE4 -4 则增强了对干旱的抵抗力（见图 8 -15）。

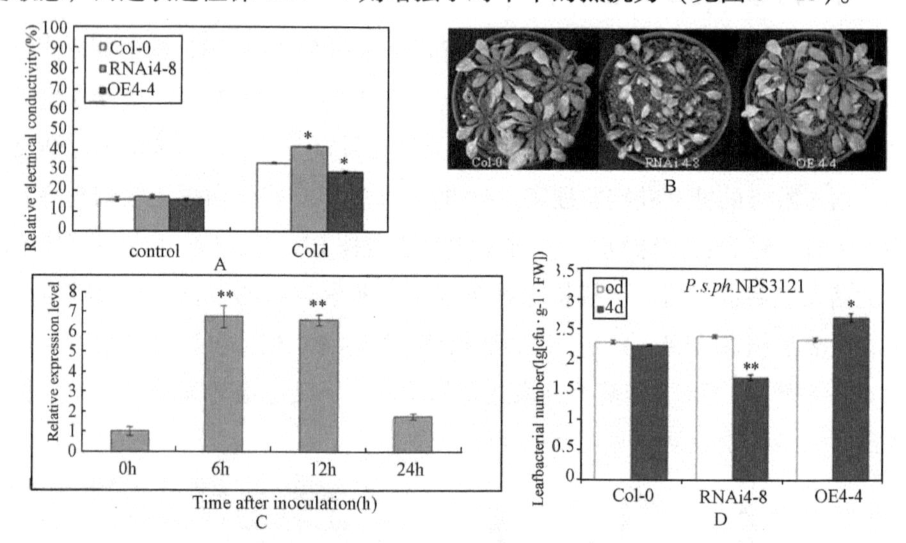

图 8 -15 *AtSWEET4* 介导的胁迫反应

3. 植株抗病性分析

接种 NPS3121，过表达植株 OE4 -4 抗病性降低，相反干扰植株 RNAi4 -8 表现出抗病性增强的特性；接种 DC3000 后发现不同植物材料之间，对 DC3000 的反应没有差异。结果如图 8 - 16 所示。干扰植株 RNAi4 - 8 对 NPS3121 表现出抗性增强的特征，其原因可能与 *AtSWEET4* 作为负调控基因有关，其可调控拟南芥非寄主抗性，对 DC3000 没有影响。

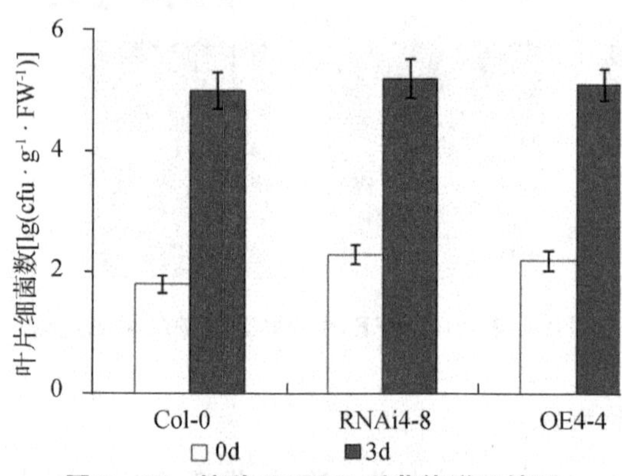

图 8 -16 接种 DC3000 后菌体增殖情况

另外，接种白粉霉结果显示，干扰植株 RNAi - 8 对白粉霉不敏感，叶片上菌体数量较少；相反，过表达植株 OE4 - 4 对白粉霉超敏感，叶片上菌体数量显著增加（见图 8 - 17）。

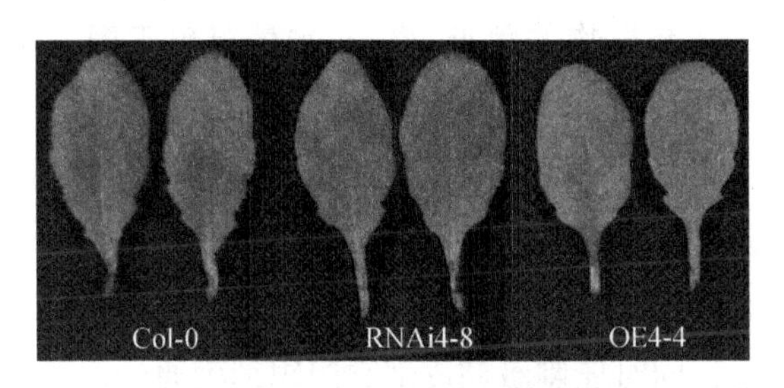

图 8 - 17 *AtSWEET*4 基因对白粉霉的抗性

最后，利用拟南芥 $P_{AtSWEET4}$:: GUS 转基因植株接种 NPS3121，发现 NPS3121 诱导 *AtSWEET*4 基因表达模式与图 8 - 1 ~ 图 8 - 4 结果相同（见图 8 - 18）。

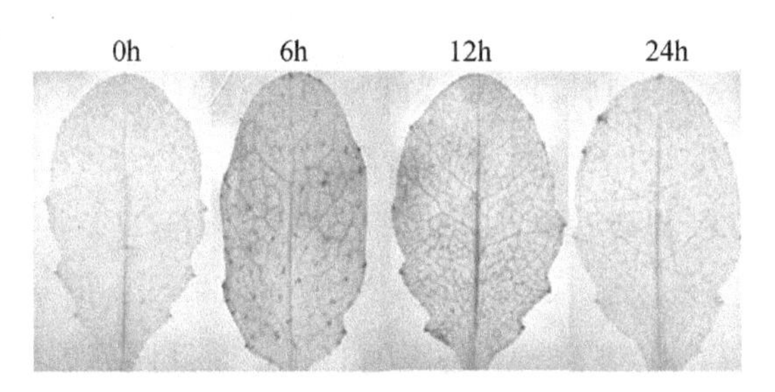

图 8 - 18 NPS3121 诱导 *AtSWEET*4 基因的表达

三、讨　论

植物光合作用的主要产物是糖类物质。糖类物质需要在细胞、组织及器官中进行流动运输为植物提供碳源物质。由于它们分子量较大以及亲水的外壳，一些中性糖类物质如蔗糖、葡萄糖及果糖的运输需要细胞质膜上的载体蛋白的参与。

SWEET 是一类新的糖类物质运输载体。Patrick 等人发现拟南芥 SWEET16 是细胞内定位在液泡上的一个糖类物质运输载体，介导葡萄糖、果糖和蔗糖的运输。过表达 *AtSWEET*16 基因影响拟南芥种子的萌发、生长发育及胁迫响应能力。拟南芥 SWEET17 也是液泡上的一个糖类物质运输蛋白，特异性地介导果糖的运输，控制叶中果糖的浓度。

SWEET 蛋白可以被多种病原细菌或者真菌强烈地诱导，暗示了它们作为糖运输载体，可能参与植物的免疫反应。水稻黄单胞菌（*Xanthomonasoryzae* pv. *oryzae*，XOO）感染水稻后可以上调水稻 *OsSWEET*11/*Xa*13/*Os*8*N*3 基因。进一步研究发现，XOO 分泌的转录激活相关的效应因子 PthXo1 可以结合水稻 *OsSWEET*11 基因的启动子区域，激活该基因的转录。水稻 *OsSWEET*11 基因干涉（RNAi）株系增强了对 XOO 的抗性。XOO 诱导水稻感染部位叶肉细胞中 *OsSWEET*11 的表达，同时还刺激韧皮部软组织细胞通过 *OsSWEET*11 将更多的蔗糖运输到相邻的非感染的叶肉细胞，从而为细菌的生长和繁殖提供了一个较好的生存环境。当 *OsSWEET*11 被突变后，导致没有充分的蔗糖满足细菌的生长需求，因此表现出对细菌的抗性。

Pst. DC3000 侵染拟南芥后，诱导了拟南芥 *AtSWEET*4、*AtSWEET*5、*At-SWEET*7、*AtSWEET*8、*AtSWEET*10、*AtSWEET*12 和 *AtSWEET*15 的高水平表达。在非寄主菌 NPS3121 接种后检测了拟南芥 *SWEET* 基因表达情况，发现在正常情况下，拟南芥 *SWEET*1、*SWEET*2、*SWEET*4、*SWEET*11、*SWEET*12、*SWEET*15、*SWEET*17 均表达，除了 *SWEET*4 和 *SWEET*12 外，在 *nho*1 突变体中其他 *SWEET* 基因表达水平均显著低于野生型 Col－0。但是在菌处理 6h 后，仅能检测到 *SWEET*4 和 *SWEET*12 基因的表达，而且该基因的表达水平很高，急剧地增加，其余正常情况下表达的 *SWEET* 基因均没有表达。病原菌处理 12h 和 24h 后，*SWEET*4 和 *SWEET*12 基因依然持续性表达，推测拟南芥 *SWEET*4 和 *SWEET*12 基因特性性的参与拟南芥的非寄主抗性过程。构建了 *SWEET*4 基因的过表达和干涉载体，转化 Col－0 和 *nho*1。NPS3121 接种野生型 Col－0 背景的 *SWEET*4 转基因植株，发现 RNAi 植株均增强了对 NPS3121 的抗性，过表达植株降低了对 NPS3121 的抗性，二者对 *Pst* DC3000 抗性没有影响。

另外，野生型 Col－0 背景的 *SWEET*4 基因干扰植株表现出了叶片颜色变浅，变黄的症状，尤其叶脉处最为明显，表现出花斑叶，通过分析 *SWEET*4 在拟南芥中的组织表达特点发现，在拟南芥叶片中 *SWEET*4 基因主要在植株的维管组织表达，RNAi 植株降低了 *SWEET*4 基因的表达，进而影响糖类物质含量，从而造成了叶脉处颜色的变浅，表现出花斑叶的表型。SWEET4 在细胞内的蛋白定位结果发现，与其他糖类物质运输蛋白相似，*SWEET*4 基因主要在细胞膜上表达，从而调节糖类物质在细胞间和细胞内的运输。

虽然 *SWEET*4 基因特性地参与拟南芥的非寄主抗性过程，该研究仍未真正揭示出机理 *NHO*1 基因介导的拟南芥非寄主抗性机制，还需更多的实验去明确非寄主抗性机制。

参考文献

[1] Antony G, Zhou J, Huang S, et al. Rice xa13 recessive resistance to bacterial blight is defeated by induction of the disease susceptibility gene *Os*11*N*3 [J]. Plant Cell, 2010, 22 (11): 3864 -3876.

[2] Ayre B G. Membrane - transport systems for sucrose in relation to whole - plant carbon partitioning [J]. Molecular Plant, 2011, 4 (3): 377 -394.

[3] Bermejo C, Haerizadeh F, Takanaga H, et al. Optical sensors for measuring dynamic changes of cytosolic metabolite levels in yeast [J]. Nature Protocols, 2011, 6 (11): 1806 -1817.

[4] Bock KW, Honys D, Ward JM, et al. Integrating membrane transport with male gametophyte development and function through transcriptomics [J]. Plant Physiol, 2006, 140 (4): 1151 -1168.

[5] Buttner M, Sauer N. Monosaccharide transporters in plants: structure, function and physiology [J]. Biochimica et Biophysica Acta, 2000: 263 -274.

[6] Chand ran D. Co - option of developmentally regulated plant SWEET transporters for pathogen nutrition and abiotic stress tolerance [J]. Iubmb Life, 2015, 67 (7): 461 -471.

[7] Chardon F, Bedu M, Calenge F, et al. Leaf fructose content is controlled by the vacuolar transporter SWEET17 in *Arabidopsis* [J]. Curr Biol, 2013, 23 (8): 697 -702.

[8] Chen L Q. SWEET sugar transporters for phloem transport and pathogen nutrition [J]. New Phytologist, 2014, 201 (4): 1150 -1155.

[9] Chen L Q, Hou B H, Lalonde S, et al. Sugar transporters for intercellular exchange and nutrition of pathogens [J]. Nature, 2010, 468 (7323): 527 -532.

[10] Chen LQ, Lin IW, Qu XQ, et al. A cascade of sequentially expressed sucrose transporters in the seed coat and endosperm provides nutrition for the *Arabidopsis* embryo [J]. Plant Cell, 2015, 27 (3): 607 -619.

[11] Chen L Q, Qu X Q, Hou B H, et al. Sucrose efflux mediated by SWEET proteins as a key step for phloem transport [J]. Science, 2012, 335 (6065): 207 -211.

[12] Chen H Y, Huh J H, Yu Y C, et al. The *Arabidopsis* vacuolar sugar transporter SWEET2 limits carbon sequestration from roots and restricts *Pythium* infection [J]. Plant Journal, 2015, 83 (6): 1046 -1058.

[13] Chong J, Piron M, Meyer S, et al. The SWEET family of sugar transporters in grapevine: *VvSWEET4* is involved in the interaction with *Botrytis cinerea* [J]. Journal of Experimental Botany, 2014, 65 (22): 6589 -6601.

[14] Chu Z, Yuan M, Yao J, et al. Promoter mutations of an essential gene for pollen development result in disease resistance in rice [J]. Gene Dev, 2006, 20 (10): 1250 -1255.

[15] Cohn M, Bart RS, Shybut M, et al. *Xanthomonas axonopodis* virulence is promoted by a transcription activator - like effectormediated induction of a SWEET sugar transporter in *cassava* [J]. Mol Plant Microbe In, 2014, 27 (11): 1186 -1198.

[16] Durand M, Porcheron B, Hennion N, et al. Water deficit enhances C export to the roots in *Arabidopsis thaliana* plants with contribution of sucrose transporters in both shoot and roots [J]. Plant Physiol, 2016, 170 (3): 1460 -1479.

[17] Engel ML, Holmes - Davis R, McCormick S. Green sperm. Identification of male gamete promoters in *Arabidopsis* [J]. Plant Physiol, 2005, 138 (4): 2124 -2133.

[18] Feng L, Frommer WB. Structure and function of SemiSWEET and SWEET sugar transporters [J]. Trends Biochem Sci, 2015, 40 (8): 480 -486.

[19] Forrest L R, Kramer R, Ziegler C, et al. The structural basis of secondary active transport mechanisms [J]. Biochimica Biophysica Acta, 2011, 1807 (2): 167 -188.

[20] Ge Y, Angenent G, Dahlhaus E, et al. Partial silencing of the *NEC*1 gene results in early opening of anthers in *Petunia hybrida* [J]. Mol Genet Genomics, 2001, 265 (3): 414 -423.

[21] Ge YX, Angenent GC, Wittich PE, et al. *NEC*1, a novel gene, highly expressed in nectary tissue of *Petunia hybrida* [J]. Plant J, 2000, 24 (6): 725 -734.

[22] Guan YF, Huang XY, Zhu J, et al. *RUPTURED POLLEN GRAIN*1, a member of the MtN3/saliva gene family, is crucial for exine pattern formation and cell integrity of microspores in *Arabidopsis* [J]. Plant Physiol, 2008, 147 (2): 852 -863.

[23] Guo W, Nagy R, Chen H, et al. SWEET17, a facilitative transporter, mediates fructose transport across the tonoplast of *Arabidopsis* roots and leaves [J]. Plant Physiology,

2014, 164 (2): 777 -789.

[24] He F, Kang J, Zhou X, et al. Variation at the transcriptional level among Chinese natural populations of *Arabidopsis thaliana* in response to cold stress [J]. Chinese Sci Bull, 2008, 53 (19): 2989 -2999.

[25] Hirai T, Heymann J A, Maloney P C, et al. Structural model for 12 - Helix transporters belonging to the major facilitator superfamily [J]. Journal of Bacteriology, 2003, 185 (5): 1712 -1718.

[26] Hir R L, Spinner L, Klemens P A, et al. Disruption of the sugar transporters AtSWEET11 and AtSWEET12 affects vascular development and freezing tolerance in *Arabidopsis* [J]. Molecular Plant, 2015, 8 (11): 1687 -1690.

[27] Hu Y, Zhang J, Jia H, et al. Lateral organ boundaries 1 is a disease susceptibility gene for citrus *bacterial canker* disease [J]. PNAS, 2014, 111 (4): E521 -E529.

[28] Huang W, Xian Z, Kang X, et al. Genome -wide identification, phylogeny and expression analysis of *GRAS* gene family in tomato [J]. BMC Plant Biology, 2015, 15 (1): 209 -209.

[29] Kay S, Hahn S, Marois E, et al. Detailed analysis of the DNA recognition motifs of the *Xanthomonas* type III effectors AvrBs3 and AvrBs3Δrep16 [J]. Plant J, 2009, 59 (6): 859 -871.

[30] Klemens P A, Patzke K, Deitmer J W, et al. Overexpression of the vacuolar sugar carrier *AtSWEET*16 modifies germination, growth, and stress tolerance in *Arabidopsis* [J]. Plant Physiology, 2013, 163 (3): 1338 -1352.

[31] Kuhn C, Grof C P. Sucrose transporters of higher plants [J]. Current Opinion in Plant Biology, 2010, 13 (3): 288 -298.

[32] Lauter ANM, Peiffer GA, Yin T, et al. Identification of candidate genes involved in early iron deficiency chlorosis signaling in soybean (*Glycine max*) roots and leaves [J]. BMC Genomics, 2014, 15 (1): 702.

[33] Lee Y, Nishizawa T, Yamashita K, et al. Structural basis for the facilitative diffusion mechanism by SemiSWEET transporter [J]. Nat Commun, 2015, 6: 6112.

[34] Lin IW, Sosso D, Chen LQ, et al. Nectar secretion requires sucrose phosphate synthases and the sugar transporter SWEET9 [J]. Nature, 2014, 508 (7497): 546 -549.

[35] Li T, Huang S, Zhou J, et al. Designer TAL effectors induce disease susceptibility and resistance to *Xanthomonas oryzae* pv. *oryzae* in rice [J]. Mol Plant, 2013, 6 (3): 781 -789.

[36] Liu Q, Yuan M, Zhou Y, et al. A paralog of the MtN3/saliva family recessively confers

race - specific resistance to *Xanthomonas oryzae* in rice [J]. Plant Cell Environ, 2011, 34 (11): 1958 - 1969.

[37] Lopes M S, Araus J L. Comparative genomic and physiological analysis of nutrient response to NH_4^+ ♂, NH_4^+ ♂: NO_3^- ♂ and NO_3^- in *barley* seedlings [J]. Physiol Plantarum, 2008, 134 (1): 134 - 150.

[38] Looger L L, Lalonde S, Frommer W B, et al. Genetically encoded FRET sensors for visualizing metabolites with subcellular resolution in living cells [J]. Plant Physiology, 2005, 138 (2): 555 - 557.

[39] Neuhaus H E. Transport of primary metabolites across the plant vacuolar membrane [J]. FEBS Letters, 2007, 581 (12): 2223 - 2226.

[40] Patil G, Valliyodan B, Deshmukh R K, et al. Soybean (*Glycine max*) *SWEET* gene family: insights through comparative genomics, transcriptome profiling and whole genome re - sequence analysis [J]. BMC Genomics, 2015, 16 (1): 520 - 520.

[41] Quirino B F, Normanly J, Amasino R M. Diverse range of gene activity during *Arabidopsis thaliana* leaf senescence includes pathogen - independent induction of defense - related genes [J]. Plant Mol Biol, 1999, 40 (2): 267 - 278.

[42] Quiapim A C, Brito M S, Bernardes L A, et al. Analysis of the Nicotiana tabacum stigma/style transcriptome reveals gene expression differences between wet and dry stigma species [J]. Plant Physiol, 2009, 149 (3): 1211 - 1230.

[43] Redondo - Nieto M, Maunoury N, Mergaert P, et al. Boron and calcium induce major changes in gene expression during legume nodule organogenesis. Does boron have a role in signalling? [J]. New Phytol, 2012, 195 (1): 14 - 19.

[44] Rennie E A, Turgeon R. A comprehensive picture of phloem loading strategies [J]. PNAS, 2009, 106 (33): 14162 - 14167.

[45] Römer P, Recht S, Strauβ T, et al. Promoter elements of rice susceptibility genes are bound and activated by specific TAL effectors from the bacterial blight pathogen, *Xanthomonas oryzae* pv. *oryzae* [J]. New Phytol, 2010, 187 (4): 1048 - 1057.

[46] Salts Y, Sobolev I, Chmelnitsky I, et al. Genomic structure and expression of *Lestd*1, a seven - transmembrane - domain proteonencoding gene specically expressed in tomato pollen [J]. Isr J Plant Sci, 2005, 53 (2): 79 - 88.

[47] Sauer N. Molecular physiology of higher plant sucrose transporters [J]. FEBS Letters, 2007, 581 (12): 2309 - 2317.

[48] Seo P J, Park J M, Kang S K, et al. An *Arabidopsis* senescence – associated protein SAG29 regulates cell viability under high salinity [J]. Planta, 2011, 233 (1): 189 –200.

[49] Siemens J, Keller I J, Sarx J, et al. Transcriptome analysis of *Arabidopsis* clubroots indicate a key role for cytokinins in disease development [J]. Mol Plant Microbe In, 2006, 19 (5): 480 –494.

[50] Slewinski T L. Diverse functional roles of monosaccharide transporters and their homologs in vascular plants: a physiological perspective [J]. Molecular Plant, 2011, 4 (4): 641 – 662.

[51] Sosso D, Luo D, Li Q, et al. Seed filling in domesticated maize and rice depends on SWEET – mediated hexose transport [J]. Nature Genetics, 2015, 47 (12): 1489 – 1493.

[52] Tao Y, Cheung L S, Li S, et al. Structure of a eukaryotic SWEET transporter in a homotrimeric complex [J]. Nature, 2015, 527 (7577): 259 –263.

[53] Streubel J, Pesce C, Hutin M, et al. Five phylogenetically close rice SWEET genes confer TAL effector – mediated susceptibility to *Xanthomonas oryzae* pv. *oryzae* [J]. New Phytol, 2013, 200 (3): 808 –819.

[54] Sun M X, Huang X Y, Yang J, et al. *Arabidopsis RPG*1 is important for primexine deposition and functions redundantly with *RPG*2 for plant fertility at the late reproductive stage [J]. Plant Reprod, 2013, 26 (2): 83 –91.

[55] Wang E, Wang J, Zhu X, et al. Control of rice grain – filling and yield by a gene with a potential signature of domestication [J]. Nat Genet, 2008, 40 (11): 1370 –1374.

[56] Wang J, Yan C, Li Y, et al. Crystal structure of a bacterial homologue of SWEET transporters [J]. Cell Res, 2014, 24 (12): 1486 –1489.

[57] Wei X, Liu F, Chen C, et al. The Malus domestica sugar transporter gene family: identifications based on genome and expression profiling related to the accumulation of fruit sugars [J]. Front Plant Sci, 2014, 5: 569.

[58] Wellmer F, Alves – Ferreira M, Dubois A, et al. Genome – wide analysis of gene expression during early *Arabidopsis* flower development [J]. PLoS Genet, 2006, 2 (7): 1012 –1024.

[59] Yamada K, Osakabe Y, Mizoi J, et al. Functional analysis of an *Arabidopsis thaliana* abiotic stress – inducible facilitated diffusion transporter for monosaccharides [J]. J Biol Chem, 2010, 285 (2): 1138 –1146.

[60] Yang B, Sugio A, White FF. *Os8N3* is a host disease - susceptibility gene for bacterial blight of 61. rice [J]. PNAS, 2006, 103 (27): 10503 - 10508.

[61] Yang B, White F F. Diverse members of the AvrBs3/PthA family of type III effectors are major virulence determinants in bacterial blight disease of rice [J]. Mol Plant Microbe In, 2004, 17 (11): 1192 - 1200.

[62] Yu Y, Streubel J, Balzergue S, et al. Colonization of rice leaf blades by an African strain of *Xanthomonas oryzae* pv. *oryzae* depends on a new TAL effector that induces the rice *nodulin* - 3 *Os11N3* gene [J]. Mol Plant Microbe In, 2011, 24 (9): 1102 - 1113.

[63] Yuan M, Chu Z, Li X, et al. The bacterial pathogen *Xanthomonas oryzae* overcomes rice defenses by regulating host copper redistribution [J]. Plant Cell, 2010, 22 (9): 3164 - 3176.

[64] Yuan M, Wang S. Rice *MtN3/Saliva/SWEET* family genes and their homologs in cellular organisms [J]. Molecular Plant, 2013, 6 (3): 665 - 674.

[65] Yue C, Cao H L, Wang L, et al. Effects of cold acclimation on sugar metabolism and sugar - related gene expression in tea plant during the winter season [J]. Plant Mol Biol, 2015, 88 (6): 591 - 608.

[66] Yu X, Wang X, Wang C, et al. Wheat defense genes in fungal (*Puccinia striiformis*) infection [J]. Funct Integr Genomic, 2010, 10 (2): 227 - 239.

[67] Xuan Y H, Hu Y B, Chen L Q, et al. Functional role of oligomerization for bacterial and plant SWEET sugar transporter family [J]. PNAS, 2013, 110 (39): E3685 - E3694.

[68] Xu Y, Tao Y, Cheung L S, et al. Structures of bacterial homologues of SWEET transporters in two distinct conformations [J]. Nature, 2014, 515 (7527): 448 - 452.

[69] Zhao C R, Ikka T, Sawaki Y, et al. Comparative transcriptomic characterization of aluminum, sodium chloride, cadmium and copper rhizotoxicities in *Arabidopsis thaliana* [J]. BMC Plant Biol, 2009, 9: 32.

[70] Zheng Q M, Tang Z, Xu Q, et al. Isolation, phylogenetic relationship and expression profiling of sugar transporter genes in sweet orange (*Citrus sinensis*) [J]. Plant Cell Tiss Org, 2014, 119 (3): 609 - 624.

[71] Zhou Y, Liu L, Huang W, et al. Overexpression of *OsSWEET5* in rice causes growth retardation and precocious senescence [J]. PLoS One, 2014, 9 (4): e94210.

第九章　植物活性分子调控非寄主抗性机制

第一节　植物抗病反应中的活性分子

一、3 – 磷酸甘油

3 – 磷酸甘油（Glycerol – 3 – phosphate，G3P）是生物体细胞内结构高度保守的一类三碳化合物，也是细胞中脂类代谢、糖酵解等产生能量所必需的组分之一。G3P 一方面可以由甘油在甘油激酶催化下进行磷酸化产成，也可以由磷酸二羟丙酮（DHAP）被 G3P 脱氢酶还原生成。G3P 参与多种植物的免疫反应过程（Xia 等，2009）。在拟南芥中，甘油脱氢酶突变体 *gly* 对白菜炭疽病菌 *C. higginsianum* 更加敏感，过表达 *GLY* 基因后可以增加拟南芥对 *C. higginsianum* 抗病能力。病原菌 *C. higginsianum* 处理后可导致拟南芥细胞内积累高浓度的 G3P（Chanda 等，2008）。另外，外源的 G3P 处理拟南芥后，可增强拟南芥的系统获得抗性（SAR）能力，且这种 SAR 能力依赖于与 DIR1 蛋白结合（Chanda 等，2011）。G3P 和 DIR1 蛋白相互作用，实现二者共定位，从而发挥免疫作用。Yang 等人研究证实，G3P 在单子叶植物中也参与了植物的基本防御反应中。他们研究发现，小麦叶片中 G3P 的含量被柄锈菌（*Puccinia striiformisf.* sp. *tritici*）强烈的诱导，导致 G3P 含量的增加。另外 *Puccinia striiformisf.* sp. *tritici* 侵染后导致小麦甘油激酶基因（*TaGLY*1）和甘油脱氢酶基因（*TaGLI*1）表达上调，促进 G3P 合成（Yang 等，2013）。而 *TaGLY*1 和 *TaGLI*1 缺失突变体被 *Puccinia striiformisf.* sp. *tritici* 感染后，不能有效地积累

G3P，增强了感病能力。同时 *TaGLY*1 和 *TaGLI*1 缺失突变体中水杨酸相关防御基因 *TaPRs* 基因的表达也受到影响（Yang 等，2013）。

二、三磷酸腺苷

三磷酸腺苷（Adenosine triphosphate，ATP）是生物体细胞内的能量货币，ATP 不但分布在细胞内部，而且还广泛存在于动物和植物细胞的细胞外基质中。细胞外 ATP（eATP）可与细胞膜表面相应的受体结合并激发细胞内的第二信使，从而调节细胞的多种生理学功能。因此维持一定水平的 ATP 含量是植物、动物等生命体进行生命活动的重要前提（Song 等，2006）。Chivasa 等人研究报道，提高 eATP 的含量可负调控植物的免疫反应。外源的 ATP 具有抑制植物 SAR 能力，同时，外源 ATP 的施加还可以抑制植物激素水杨酸（SA）的积累以及 SA 响应的 *PR* 基因的表达（Chivasa 等，2009）。病原菌入侵，可导致植物体内 ATP 含量升高，则抑制植物 *PR* 基因的表达，降低植物的抗性。蛋白质组学数据显示，胞外 ATP 消耗一周处理后，可使 *PR* 基因的表达上调。这些研究表明，作为负调节因子 ATP 参与了植物的免疫反应（Chivasa 等，2009）。

三、烟酰胺腺嘌呤二核苷酸

烟酰胺腺嘌呤二核苷酸（Nicotinamide adenine dinucleotide，NAD^+）是植物由天冬氨酸合成的一种初级代谢物（Petriacq 等，2013）。作为细胞内最普通的电子传递受体和代谢反应中酶类物质的辅酶，NAD^+是细胞内氧化还原反应的基石（Tilton 等，1991）。目前研究发现，NAD^+参与植物的钙离子信号途径、DNA 修复、蛋白的去乙酰化作用及植物的免疫反应过程。这些过程消耗 NAD^+，从而影响 NAD^+的浓度和 NAD^+的合成（Elving 等，1982）。20 世纪六七十年代，植物病理学家已发现，植物被病原菌感染后影响其体内 NAD^+的水平（Pettit 等，1975）。研究还发现，大麦被白粉病真菌感染 6d 后，叶片内的 NAD^+含量增加 2 倍以上。

四、活性氧

活性氧簇（ROS）的产生被认为是寄主识别外源病原菌入侵的最早反应

(Lehmann 等，2015)。一氧化氮（NO）在植物免疫反应中起着重要的作用，并可导致寄主细胞的过敏坏死反应（Arasimowiczjelonek 和 Floryszakwieczorek，2014)。在植物与病原菌的互作中，ROS 及 NO 被认为是第二信使，在外源病原菌或诱导物引起的植物抗病反应中起着重要的作用（Asai 等，2010)。

过氧化氢（H_2O_2）是活性氧分子的一种，化学性质较为稳定，能够穿过细胞膜分布在整个细胞内。H_2O_2 作为一种重要的活性氧信号分子，同时也是一种第二信使，广泛存在于细胞中，也参与到植物的各种生理反应过程，尤其是植物对病原菌的抵御反应（Mentges 和 Bormann，2015)。一些非生物因素，例如自然代谢过程、逆境胁迫或激素处理诱导植物产生 H_2O_2，生物因素如病原菌或者病原菌激发子等也可诱导植物产生 H_2O_2（Hung 等，2005)。H_2O_2 在植物诱导和响应的信号转导途径中发挥着重要的作用。H_2O_2 能够促使植物细胞壁结构蛋白发生交联，还可以诱发植物局部细胞发生程序性死亡。另外，由于 H_2O_2 作为信号分子具有扩散特性，能够诱导植物临近细胞防卫基因的表达，例如谷胱甘肽转移酶与谷胱甘肽过氧化物酶（Maksimov 等，2009)。在转化真菌葡糖氧化酶基因的马铃薯叶片和块茎中均可导致大量 H_2O_2 的释放。此外，转基因马铃薯块茎对细菌性软腐病菌和晚疫病病菌的抗性得到较大的提高（Rastogi 等，2012)。在白粉菌侵染的大麦叶片组织中，发现 H_2O_2 累积与寄主细胞 HR 的发生以及乳突的形成密切相关。烟草植株中，过表达或干扰表达烟草抗氧化剂关键基因如过氧化氢酶后，致使 H_2O_2 过量积累，从而导致植物 HR 的发生和 SAR 的产生（Neuenschwander 等，1995)。病原菌处理大豆悬浮培养细胞，单方面的 NO 的产生并不足以引起的悬浮培养细胞 HR 的产生，在 NO/ROI 的比值达到一定值时，才具有诱导 HR 产生的能力，HR 主要受 NO 和 H_2O_2 两方面的调控。

五、钙离子与钙离子依赖的蛋白激酶

钙离子（Ca^{2+}）是植物必需的一种营养元素，同时还具有“植物细胞代谢的总调节者”之称。钙离子作为细胞内的一种第二信使，偶联多种细胞外信号与细胞内生理生化反应，参与调节植物的生长发育、抗性反应等多种生理过程（Kurusu 等，2013)。通常，细胞内外钙离子浓度不同，具有浓度差，一般细胞内钙离子浓度较低，胞外、细胞器中浓度较高，因此细胞外钙离子的进入以及细胞器中钙离子的释放都可以导致细胞质中钙离子较大范围的升高。当钙离子浓度达到一定的阈值时，钙离子便可以与钙调蛋白（calmodulin，CaM）形成 Ca^{2+} –CaM 复合物。该复合物能够作用于下游的靶酶或以磷酸化方式激活其他一些酶类。最终启动细胞的各种生理生化适应机制（Seybold 等，2014）。反应结束后，钙离子可被 Ca^{2+} –ATPase 泵出胞外，也可以被贮存在“钙库”的细胞器中，从而维持细胞正常的生理功能。研究表明，以 Ca^{2+} –CaM 为核心的钙信使系统在植物对逆境胁迫的信号感受与适应中发挥着至关重要的调节作用。

大量研究已充分证实钙离子与植物的逆境胁迫反应息息相关（Zou 等，2010）。研究发现，植物的温度逆境适应后，会导致细胞间隙以及细胞液泡内钙离子沉淀颗粒浓度的增加。然而细胞质中的钙离子沉淀颗粒比较少，叶绿体保持较为完整，钙离子稳态平衡得以维持（Krebs 等，2015）。高温与低温的胁迫的适应性均与钙离子密切相关，高温与低温处理后，钙离子能够启动抗逆基因的表达，同时也维持了细胞中钙离子稳态平衡。热激处理可以增强冷胁迫与盐胁迫处理的玉米幼苗存活率，同时细胞中谷胱甘肽还原酶的活性和游离脯氨酸的含量均提高，因而玉米幼苗的抗冷性增强，外源钙离子的处理可以加强这种热激效应。研究发现，拟南芥经过干旱预处理之后，然后再采用干旱胁迫处理，可使细胞内钙离子信号增强。干旱渗透胁迫也可以诱导吡咯啉–5–羧酸合成酶基因的表达加强，是因为干旱预处理后植物体中可产生某种记忆，然后钙信号的变化使得植物体内相关防御基因表达发生改变，因而导致植物适应性的增强。通过对水稻幼苗的抗寒性的研究发现，采用不同的胁迫预处理水稻幼苗后，根系质膜、液泡膜及叶绿体的 Ca^{2+} –ATPase 的活性显著提高，最终导致水稻幼苗抗寒性能的增强。另外，水分胁迫也能够启动根中钙信使系统的反应，从而诱导水稻耐冷性相关基因的表达。

钙离子是细胞内的一种重要的信号分子，细胞内钙离子浓度的变化可诱导一系列信号转导反应，最终可诱导寄主增强对病原菌的抗性（Thor 和 Peiter，2014），因而细胞内钙离子浓度的变化可影响植物的致病能力（Ma 和 Berkowitz，2011）。在植物与病原菌的互作过程中通常会伴随细胞内钙离子的瞬变，进一步激活细胞内钙离子信号转导途径，诱导 ROS 和 NO 的产生，最终调控早期引发的局部和系统性抗性（Zimmermann 等，1997）。钙离子信号被消除后，活性氧的积累同时也会被抑制，进一步发现，活性氧位于钙离子信号积累的下游（Ma 等，2009）。

钙离子依赖的蛋白激酶（CDPK）是一类丝氨酸/苏氨酸蛋白激酶（Lee 和 Rudd，2002）。该酶作用于钙离子信号传导途径的下端，并参与许多信号传导过程（Harper 等，2004）。功能丧失（loss - of - function）及功能获得（gain - of - function）性研究已证实，特异的钙离子依赖蛋白激酶参与病原菌抗性的信号传导，在应答病原菌相关的刺激时，钙离子依赖的蛋白激酶可增强活性氧簇（ROS）的产生能力（Geiger 等，2010；Kobayash 等，2007）。

第二节 植物抗逆活性分子在拟南芥甘油激酶基因 *NHO*1 调控的非寄主抗性中的作用

拟南芥 *NHO*1 基因编码甘油激酶，在 ATP 的参与下催化甘油形成 3 - 磷酸甘油（G3P）。G3P 是一种活性分子，其参与许多生化代谢反应。G3P 在辅酶 NAD^+ 的参与下，在磷酸甘油脱氢酶作用下生成磷酸二羟丙酮（DHAP），DHAP 随后参与三羧酸循环。在甘油代谢的途径中，如 ATP、NAD^+、G3P 等都是活性分子参与植物的多种反应，因此著者将探讨植物抗逆活性分子在拟南芥甘油激酶 *NHO*1 调控的非寄主抗性中的作用。

一、原理与方法

（一）ATP 含量的测定

利用高效液相色谱方法（HPLC）测定拟南芥细胞内 ATP、ADP 和 AMP 含量。

1. 标准品的配制

磷酸缓冲液配制 ATP、ADP 和 AMP 的混标母液 100mg/L。然后将母液稀释成 0mg/L、0.2mg/L、0.5mg/L、1mg/L、2mg/L 以及 4mg/L 的混标。

0.45μm 的滤膜过滤，-20℃冰箱中避光保存。在样品测定当天上午，融化至室温状态。

2. 流动相的配制

流动相包含 A 和 B 两种，其中流动相 A 为 0.04 M KH_2PO_4（pH = 7.0）和 0.06 M 的 K_2HPO_4（pH = 7.0）；流动相 B 为甲醇。配制好的流动相 A 用 0.45μm 的滤膜过滤。

3. 样品提取

称取 0.5 g 新鲜的 3 周左右的拟南芥叶片，用液氮研磨成粉末。加入 25mL 的 0.6 M $HClO_4$ 溶液，冰浴 1min。4℃，3000rpm 离心 10min。取 10mL 上清液，用 1mol/L 的 KOH 迅速调 pH 至 6.5 ~ 6.8，冰浴 30min。用无菌滤纸过滤除去 $HClO_4$，补充至体积 20mL。样品转移至进样瓶中，于高效液相色谱仪中进行测定（Hai L 等，2006；Charlotte，等，2006）。

（二）3 - 磷酸甘油（G3P）的测定

1. 样品的提取

称取 1 g 新鲜的 3 周左右的拟南芥叶片，用液氮研磨成粉末。加入 2mL 10% 的 $HClO_4$ 溶液，冰浴 1min。4℃，10000rpm 离心 10min。加入 2mL 1 mol/L 的 K_2CO_3 中和。4℃，10000rpm 离心 10min。取上清液加于新的 1.5mL EP 管中，并放置冰上，备用。

2. 样品的测定

取 50μL 样品，加入 50μL 的分析 buffer 和 5μL NAD（60mmol/L）并混合，加入至酶标板中。室温，放置 5min。其中分析 buffer 包括 0.4 mol/L 肼、1 mol/L 甘氨酸和 5 mol/L EDTA（pH = 8.0）。将酶标板置于酶标仪中，340 nm 处进行读数，直到数值稳定。加入 1μL GPDH（2000 Unit/mL），混合，并立即读取吸光值 A1。样品 25℃，放置 10min，读取吸光值 A2。利用公式计算 G3P 浓度。G3P =（A2 - A1）×0.335mmol/L。

3. G3P 处理对植物抗性的影响

配制 100 μm 的 G3P 溶液，选择生长健壮，完全伸展开的生长 3 周左右的野生型及突变体拟南芥做好标记，用1mL的注射器，在叶片的背面轻轻将甘油注入叶片中。用纸巾将叶片上多余的液体擦拭干净，用保鲜膜覆盖。处理24h后，接种NPS3121，并检测NPS3121在拟南芥叶片上的增值情况。

（三）NAD^+和NADH的测定

NAD^+和NADH的测定采用NAD^+定量试剂盒，步骤如下：称取20mg新鲜的3周左右的拟南芥叶片，冰冷的PBS冲洗2～3遍。加入400μL NADH/NAD^+提取Buffer，用电钻迅速将样品磨碎。4℃，14000rpm离心5min。将上清液转移至一新的EP管中，待用。标准曲线的制作：①10μL 1 nmol/μL NADH standard加入到990μL NADH/NAD^+提取buffer，配制成标准品（standard）。加入0μL、2μL、4μL、6μL、8μL、10μL的10pmol/μL标准品于96孔酶标板中，配成0pmoL、20pmoL、40pmoL、60 pmoL、80 pmoL、100 pmoL/孔的标准品，用NADH/NAD^+提取buffer，补充至体积为50μL/孔。②加入50μL样品于96孔酶标板中。③准备NAD cycling Mix。100μL NAD cycling buffer中，加入2μL cycling Enzyme Mix，混匀。然后将准备好的NAD cycling Mix加入到NADH标准品和样品中，混匀，室温，放置5min，使NAD^+转化成NADH。在酶标板的每个反应孔中加入10μL NADH developer，室温放置1～4h，450nm处读取吸光值。根据标准曲线，计算出NADH，NADt（NAD^+NADH）、NAD^+及NAD^+/NADH值。

（四）ROS的检测

1. NBT染色检测超氧化物

剪取新鲜的3周左右的拟南芥叶片，放入50mL注射器中。加入10mL NaN_3（10mmol/L）至含有叶片的注射器中，排除多余的空气，将注射器放在橡胶塞上，进行真空压缩，使NaN_3真空渗透至叶片中。然后孵育放置1min。除去NaN_3溶液，加入1mg/mL的NBT溶液，真空渗透方式将NBT渗透至叶片中。将叶片转移至新鲜的NBT溶液中，室温，光下放置2h进行染色。染色结束后，倒去染色液，加入脱色液AGE（醋酸：甘油：乙醇=1：1：1），进行脱色。脱色结束后，拍照。

2. DAB 染色检测过氧化

剪取新鲜的 3 周左右的拟南芥叶片，放入 50mL 注射器中。加入 1mg/mL 的 DAB 染色液 10mL 至注射器中，排除多余的空气，将注射器放在橡胶塞上，进行真空压缩，使染色液真空渗透至叶片中。将叶片转移至 50mL 离心管中，加入 20mL DAB 染色液，放在摇床上，22℃，100rpm，染色 4h。染色结束后，除去 DAB 染色液，倒入 10mL 脱色液 AGE，沸水浴脱色 15min。脱色结束后，进行拍照。

二、结果与分析

（一）拟南芥叶片中 ATP、ADP 和 AMP 含量

选取生长健壮的拟南芥 Col－0、*nho*1、*gpdhc* 和 *nho*1/*gpdhc*，利用高氯酸提取其 ATP、ADP 和 AMP，采用 HPLC 方法进行测定。结果发现，*nho*1、*gpdhc* 及 *nho*1/*gpdhc* 中 ATP 含量均高于野生型植株，*gpdhc* 突变体中含量最高。同样，*gpdhc* 中 ADP 含量也显著地高于野生型拟南芥植株。*nho*1 和 *gpdhc* 中 AMP 的含量显著高于野生型 Col－0（见图 9－1）。

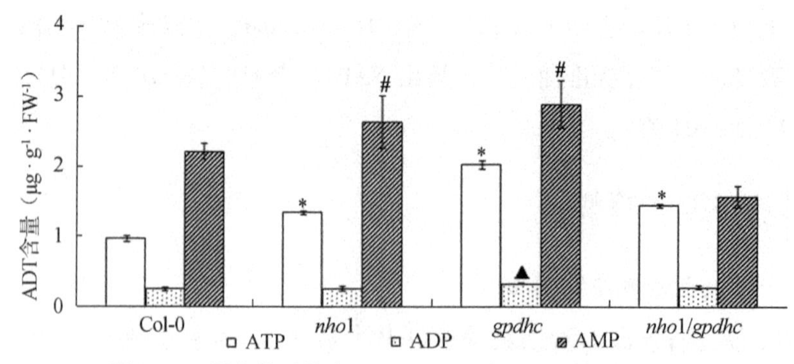

图 9－1　拟南芥叶片中 ATP、ADP 和 AMP 的测定结果

注：$*P<0.05$，突变体中 ATP 含量与野生型 Col－0 相比较；$^{\#}P<0.05$，突变体中 ADP 含量与野生型 Col－0 相比较；$^{\blacktriangle}P<0.05$，突变体中 AMP 含量与野生型 Col－0 相比较。

*AMPK*2（*AT*5*G*39790）基因编码一个 5′－AMP 激活的蛋白激酶，可调节细胞内能量的内环境稳态（Emerling 等，2009），在 *nho*1 突变体中该基因表达水平显著高于 Col－0（见图 9－2）。

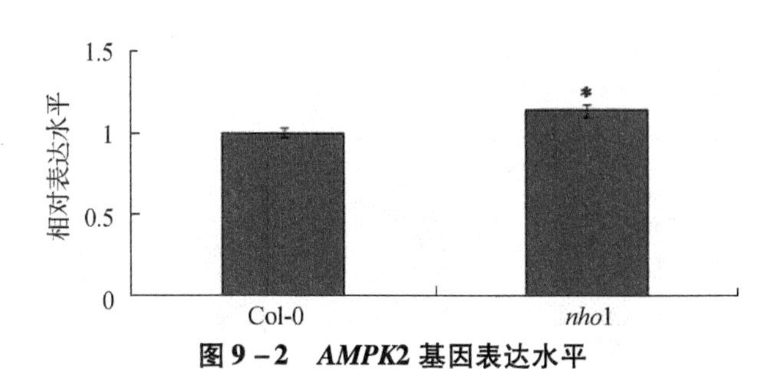

图 9－2 *AMPK2* 基因表达水平

注：＊P＜0.05，突变体中 *AMPK2* 基因表达量与野生型 Col－0 相比较。

（二）G3P 对拟南芥非寄主抗性的影响

采用酶反应法测定拟南芥 Col－0、*nho*1、*gpdhc* 和 *nho*1/*gpdhc* 中 G3P 含量，结果发现，由于甘油代谢途径的打断，3 个突变体中 G3P 含量均显著低于野生型（见图 9－3）。

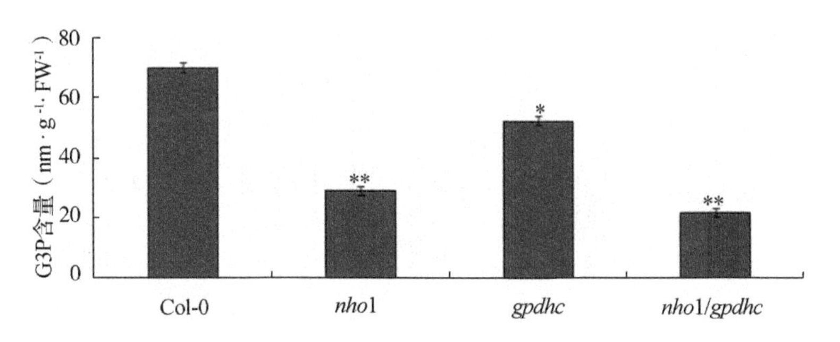

图 9－3 拟南芥叶片中 G3P 含量测定结果

注：＊P＜0.05，突变体中 G3P 含量与野生型 Col－0 相比较；＊＊P＜0.001，突变体中 G3P 含量与野生型 Col－0 相比较。

G3P 是一种活性物质，参与植物的多种免疫反应，通过外源施加 G3P 探讨其对拟南芥非寄主抗性的影响，结果发现，外源施加 G3P 导致拟南芥的非寄主抗性增强，其中 3 个突变体的抗性水平显著增加（见图 9－4）。

（三）拟南芥叶片中 NAD^+ 和 NADH 含量

利用 NAD^+/NADH 定量试剂盒测定了拟南芥 Col－0、*nho*1、*gpdhc* 和 *nho*1/*gpdhc* 中 NAD^+、NADH 及二者总量 NADt。结果发现 3 个突变体中 NADt

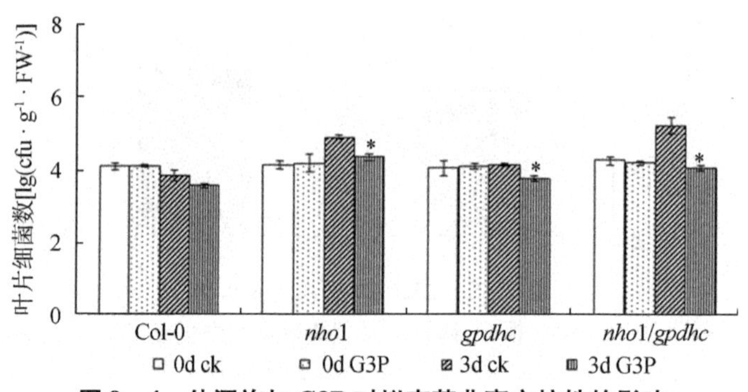

图 9-4　外源施加 G3P 对拟南芥非寄主抗性的影响

注：$*P<0.05$，突变体中菌体量与野生型 Col-0 相比较。

含量均高于野生型，NADH 含量也高于野生型。*gpdhc* 和 *nho1/gpdhc* 中 NAD^+ 含量也高于野生型（见图 9-5）。

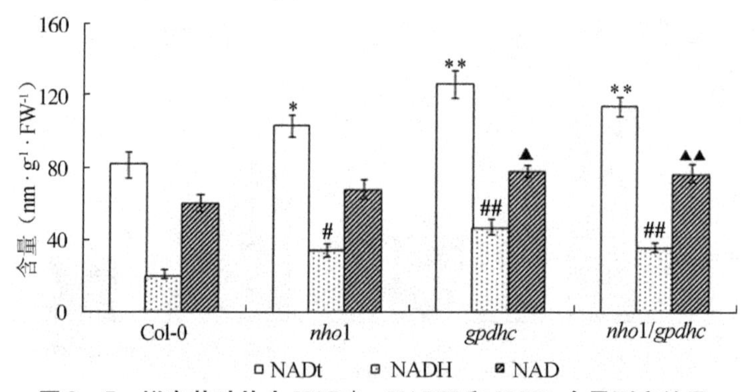

图 9-5　拟南芥叶片中 NAD^+、NADH 和 NADt 含量测定结果

注：$*P<0.05$，突变体中 NADt 含量与野生型 Col-0 相比较；$**P<0.001$，突变体中 NADt 含量与野生型 Col-0 相比较；$^{\#}P<0.05$，突变体中 NADH 含量与野生型 Col-0 相比较；$^{\#\#}P<0.001$，突变体中 NADH 含量与野生型 Col-0 相比较；$^{\blacktriangle}P<0.05$，突变体中 NAD 含量与野生型 Col-0 相比较；$^{\blacktriangle\blacktriangle}P<0.001$，突变体中 NAD 含量与野生型 Col-0 相比较。

（四）活性氧在拟南芥非寄主抗性中的作用

利用 NBT 染色法与 DAB 染色法检测了拟南芥 Col-0、*nho1*、*gpdhc* 和 *nho1/gpdhc* 中 ROS 在正常情况以及接种 NPS3121 后的含量。结果显示，在正常水平下 *nho1* 和 *nho1/gpdhc* 中均产生较高的 ROS。接种 NPS3121 后，Col-0 和 *gpdhc* 中 ROS 含量表现出先增加后降低的趋势；而 *nho1* 和 *nho1/gpdhc* 中

ROS 反应趋势则相反，表现出一直降低的趋势（见图 9 -6 和图 9 -7）。

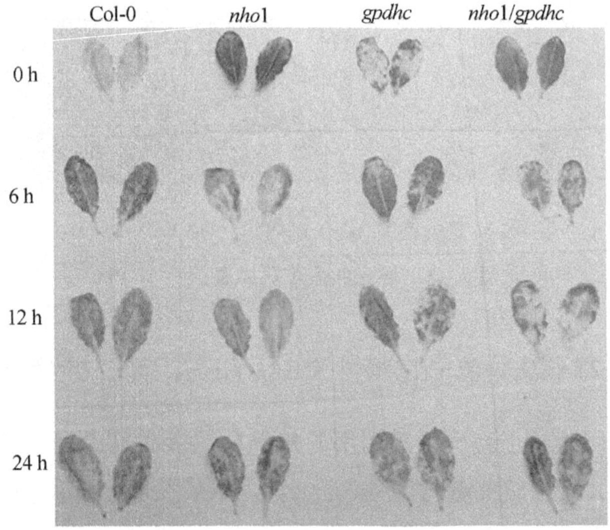

Col-0
*nho*1
gpdhc
*nho*1/*gpdhc*
0 h
6 h
12 h
24 h

图 9 -6　NBT 染色检测 ROS

Col-0
*nho*1
gpdhc
*nho*1/*gpdhc*
0 h
6 h
12 h
24 h

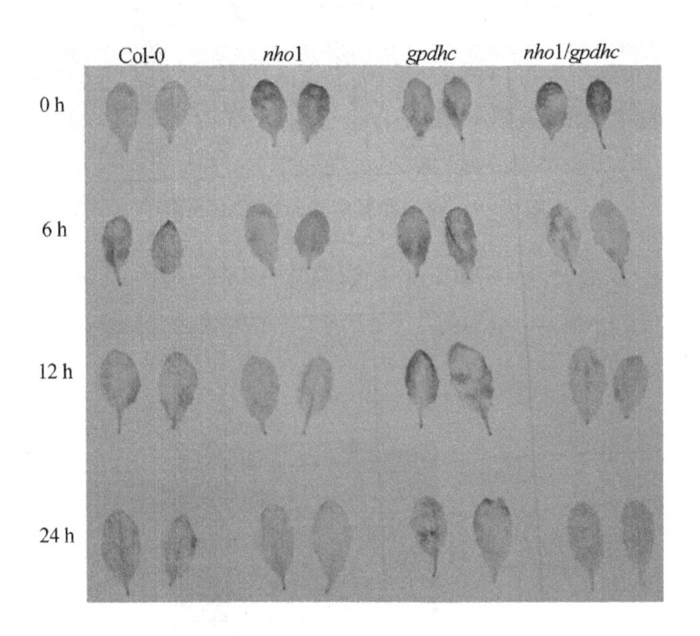

图 9 -7　DAB 染色检测 ROS

另外，选取 Col -0 和 *nho*1 突变体 2 种植物材料，接种病原菌 DC3000，观察 ROS 产生情况。结果表明，接种 DC3000 2h 后，*nho*1 突变体与 Col -0 相比较，细胞内积累了较低浓度的 ROS（见图 9－8）。

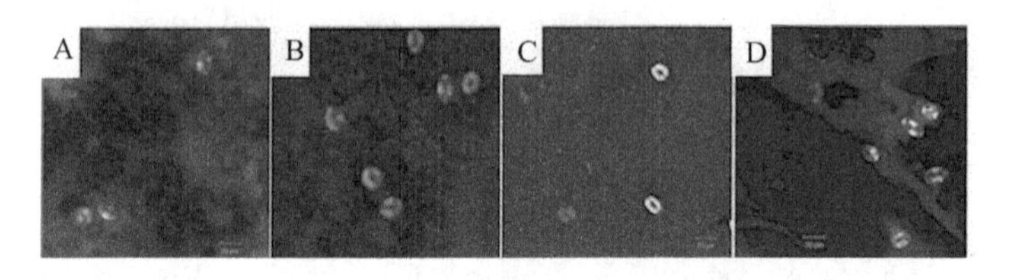

A：Col－0 对照组；B：*nho*1 对照组；C：Col－0；D：*nho*1

图 9－8　激光共聚焦显微镜检测 ROS

（五）钙离子及钙离子依赖性蛋白激酶在拟南芥抗性中的作用

首先，采用钙离子高度敏感拟南芥植物材料接种病原菌 DC3000，处理 2h 后，利用激光共聚焦显微镜观察钙离子情况。结果发现，*nho*1 突变体被 DC3000 侵染后，保卫细胞中钙离子浓度比野生型 Col－0 细胞中浓度高（见图 9－9）。

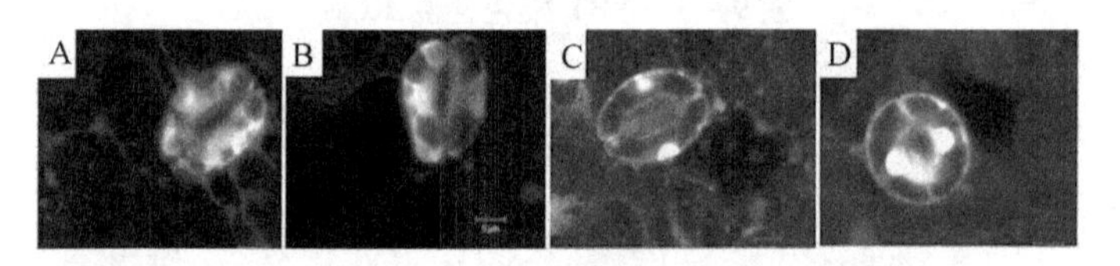

A：Col－0 对照组；B：*nho*1 对照组；C：Col－0；D：*nho*1

图 9－9　激光共聚焦显微镜检测钙离子

RT－PCR 方法分析拟南芥保卫细胞中 *CDPK* 基因表达量，结果表明，在 *nho*1 突变体材料中，*CDPK*3、*CDPK*6、*CDPK*21 的表达量高于 Col－0（见图 9－10）。

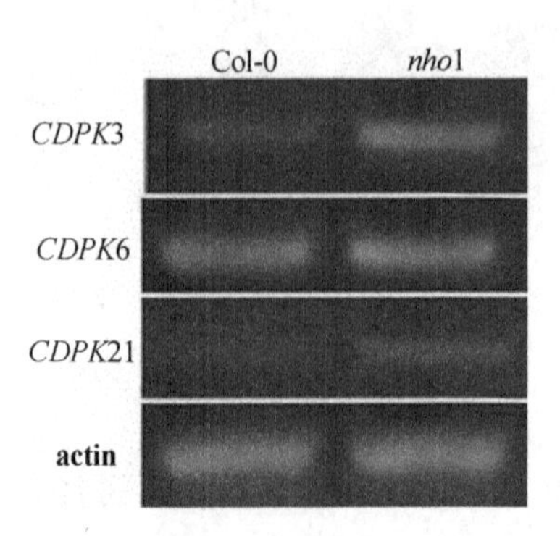

图 9－10　拟南芥保卫细胞中 *CDPK* 基因表达

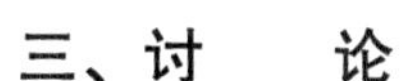

三、讨　论

（一）甘油激酶 *NHO*1 基因突变影响甘油代谢途径

拟南芥 *NHO*1 基因编码一个甘油激酶，在 ATP 的参与下，催化甘油形成 3－磷酸甘油（G3P）。G3P 在辅酶 NAD^+ 的参与下，在磷酸甘油脱氢酶作用下生成磷酸二羟丙酮（DHAP）。拟南芥 *nho*1、*gpdhc* 和 *nho*1/*gpdhc* 均为甘油代谢途径上的突变体，造成了这些突变体与野生型相比，细胞内积累高浓度的甘油代谢途径中的某些物质，如 ATP、NAD^+、甘油等；另一方面，这些突变体中 3－磷酸甘油含量也显著降低。

高浓度的 ATP、NAD^+、甘油等可影响突变体内环境稳态，内环境的失调则进一步地诱发活性氧的产生。如 *nho*1 中积累了高浓度的甘油，高浓度的甘油则诱发 *nho*1 产生更多的活性氧。最直接的证据为，外源施加甘油处理后的 12h 与 24h，野生型 Col－0 细胞内产生了高浓度的活性氧，而 *nho*1 体内由于甘油本身基底水平较高，外源施加甘油对其活性氧影响不大，但仍然处于一种较高水平状态。另外，NAD^+ 及 ATP 也与细胞内 NO 及 ROS 信号途径相联系。

（二）ATP、NAD^+ 及 G3P、钙离子对植物抗性的影响

目前，在植物与病原菌互作研究领域，主要是利用正向、反向遗传学或者蛋白质组学的方法，寻找病原菌信号途径中主要的组分因子，并试图去揭示其作用机理。但是还有一种研究方向，即探寻植物中小分子代谢物在植物免疫中的作用。

ATP 是光合磷酸化和氧化磷酸化的产物，是活细胞中最活跃的能量通货，也是活细胞进行新陈代谢最重要的生理指标（Tanaka 等，2010）。ATP 参与植物的生长发育、逆境反应等众多生命过程。因此，维持一定水平的 ATP 含量是植物进行生命活动的重要前提（Song 等，2006）。Chivasa 等人（2009）研究发现，增加胞外 ATP 含量负调控植物的免疫反应。外源 ATP 则抑制植物 SAR 反应。外源 ATP 的施加，可抑制植物激素 SA 的积累以及 SA 相关 *PR* 免

疫基因的表达。病原菌的入侵，导致植物体内ATP含量的降低，进而抑制植物 *PR* 基因的表达，降低植物的抗性。另外，蛋白质组学数据显示，细胞外 ATP 消耗一周处理，可使 *PR* 基因的表达量上调。这些研究表明，作为负调节因子 ATP 参与植物的免疫反应（Chivasa 等，2009）。著者研究发现，*nho*1 和 *nho*1/*gpdhc* 中 ATP 含量均高于 Col－0，这可能与其对非寄主假单胞菌感病性有一定的关系。

NAD^+是植物由天冬氨酸合成而来的一种初级代谢物（Petriacq 等，2013）。作为细胞内最普通的电子传递受体和代谢反应中酶类物质的辅酶，NAD^+是细胞内氧化还原反应的基石（Tilton 等，1991）。目前研究发现，NAD^+参与植物的钙离子信号途径、DNA 修复、蛋白的去乙酰化作用及植物的免疫反应过程。这些过程消耗 NAD^+，因而影响 NAD^+的浓度和 NAD^+的合成（Elving 等，1982）。20 世纪六七十年代，植物病理学家就已发现植物被病原菌感染后影响其 NAD^+的水平（Pettit 等，1975）。研究还发现，大麦被白粉病真菌感染 6d 后，叶片内的 NAD^+含量增加 2 倍以上。在 *nho*1 和 *nho*1/*gpdhc* 中，NAD^+含量均高于 Col－0，这可能与其对非寄主假单胞菌感病性也有一定的关系。

G3P 由甘油激酶催化甘油分解或者甘油脱氢酶催化磷酸二羟丙酮分解而来，是糖酵解及甘油酯合成途径中不可或缺的组分（Kachroo 等，2004）。大量研究发现，G3P 参与植物免疫相关生理过程（Xia 等，2009）。在拟南芥中，甘油脱氢酶突变体 *gly* 对白菜炭疽病菌 *C. higginsianum* 更加敏感，过表达 *GLY* 基因增强植物抗病能力。病原菌 *C. higginsianum* 处理后的植株与野生型 Col－0 相比，体内积累了更高水平的 G3P（Chanda 等，2008）。Chanda 等人（2011）研究发现，外源 G3P 处理拟南芥增强其 SAR 能力，这种能力依赖于 DIR1 蛋白（Chanda 等，2011）。G3P 与 DIR1 蛋白相互作用，实现其共定位。Yang 等人研究证实，G3P 在单子叶植物中也参与植物的基本防御反应中。他们研究发现，小麦叶片中 G3P 的含量可被柄锈菌（*Puccinia striiformis* f. sp. *tritici*）强烈诱导，导致 G3P 含量的增加。另外，*Puccinia striiformis* f. sp. *tritici* 侵染后，导致小麦甘油激酶基因（*TaGLY*1）和甘油脱氢酶基因（*TaGLI*1）表达上调，促进 G3P 水平增加。而 *TaGLY*1 和 *TaGLI*1 缺失突变体被 *Puccinia striiformisf.* sp. *tritici* 感染后，不能有效地积累 G3P，增加感病能力。

在 *TaGLY*1 和 *TaGLI*1 缺失突变体中，水杨酸相关防御基因 *TaPR* 基因的表达也受到影响（Yangn 等，2013）。著者研究发现，*nho*1、*gpdhc* 及 *nho*1/*gpdhc* 中 G3P 含量与野生型相比，显著降低，因此，推测 *nho*1、*nho*1/*gpdhc* 的非寄主抗性能力降低可能与其体内 G3P 含量较低相关。外源施加 G3P 确实增加了它们对非寄主菌 NPS3121 的抗性。

钙离子是细胞内一种重要信号分子，细胞内钙离子浓度的变化可诱导一系列的信号转导反应，并引起寄主对病原菌的抗性。钙离子依赖的蛋白激酶（CDPK）是一类丝氨酸/苏氨酸蛋白激酶。该酶作用于钙离子信号传导的下端，参与多种信号传导过程。接种 DC3000 2h 后发现，*nho*1 突变体被 DC3000 侵染后，保卫细胞中钙离子浓度比野生型高。这表明 *nho*1 突变体中钙离子信号反应更加灵敏；另外发现，钙离子依赖性蛋白表达在 *nho*1 突变体与野生型 Col－0 中也存在差异，*CDPK*3、*CDPK*6、*CDPK*21 的表达量在 *nho*1 突变体中要高于 Col－0。

参考文献

[1] Arasimowiczjelonek M, Floryszakwieczorek J. Nitric oxide: an effective weapon of the plant or the pathogen? [J]. Molecular Plant Pathology, 2014, 15 (4): 406－416.

[2] Asai S, Mase K, Yoshioka H, et al. Role of nitric oxide and reactive oxide species in disease resistance to necrotrophic pathogens [J]. Plant Signaling & Behavior, 2010, 5 (7): 872－874.

[3] Chanda B, Xia Y, Mandal M K, et al. Glycerol－3－phosphate is a critical mobile inducer of systemic immunity in plants [J]. Nature Genetics, 2011, 43 (5): 421－427.

[4] Chivasa S, Murphy A M, Hamilton J M, et al. Extracellular ATP is a regulator of pathogen defence in plants [J]. Plant Journal, 2009, 60 (3): 436－448.

[5] Chanda B, Venugopal S C, Kulshrestha S, et al. Glycerol－3－phosphate levels are associated with basal resistance to the hemibiotrophic fungus colletotrichum higginsianum in *Arabidopsis* [J]. Plant Physiology, 2008, 147 (4): 2017－2029.

[6] Elving P J, Bresnahan W T, Moiroux J, et al. NAD/NADH as a model redox system: Mechanism, mediation, modification by the environment [J]. Journal of Electroanalytical Chemistry, 1982, 141 (3): 365－378.

[7] Geiger D, Scherzer S, Mumm P, et al. Guard cell anion channel SLAC1 is regulated by CDPK protein kinases with distinct Ca^{2+} affinities [J]. Proceedings of the National Academy of Sciences of the United States of America, 2010, 107 (17): 8023 – 8028.

[8] Harper J F, Breton G, Harmon A C, et al. Decoding Ca^{2+} signal through plant protein kinase [J]. Annual Review of Plant Biology, 2004, 55 (1): 263 – 288.

[9] Hung S, Yu C, Lin C, et al. Hydrogen peroxide functions as a stress signal in plants [J]. Botanical Bulletin of Academia Sinica, 2005, 46 (1): 1 – 10.

[10] Lee J, Rudd J J. Calcium – dependent protein kinases: versatile plant signalling components necessary for pathogen defence [J]. Trends in Plant Science, 2002, 7 (3): 97 – 98.

[11] Lehmann S, Serrano M, Haridon F L, et al. Reactive oxygen species and plant resistance to fungal pathogens [J]. Phytochemistry, 2015: 54 – 62.

[12] Kobayashi M, Ohura I, Kawakita K, et al. Calcium – dependent protein kinases regulate the production of reactive oxygen species by potato NADPH oxidase [J]. The Plant Cell, 2007, 19 (3): 1065 – 1080.

[13] Krebs J, Agellon L B, Michalak M, et al. Ca^{2+} homeostasis and endoplasmic reticulum (ER) stress: An integrated view of calcium signaling [J]. Biochemical and Biophysical Research Communications, 2015, 460 (1): 114 – 121.

[14] Kurusu T, Kuchitsu K, Nakano M, et al. Plant mechanosensing and Ca^{2+} transport. [J]. Trends in Plant Science, 2013, 18 (4): 227 – 233.

[15] Ma W, Berkowitz G A. Ca^{2+} conduction by plant cyclic nucleotide gated channels and associated signaling components in pathogen defense signal transduction cascades [J]. New Phytologist, 2011, 190 (3): 566 – 572.

[16] Ma W, Qi Z, Smigel A, et al. Ca^{2+}, cAMP, and transduction of non – self perception during plant immune responses [J]. Proceedings of the National Academy of Sciences of the United States of America, 2009, 106 (49): 20995 – 21000.

[17] Maksimov I V, Valeev A S, Cherepanova E A, et al. Hydrogen peroxide production in wheat leaves infected with the fungus Septoria nodorum Berk Strains with different virulence [J]. Applied Biochemistry and Microbiology, 2009, 45 (4): 433 – 438.

[18] Mentges M, Bormann J. Real – time imaging of hydrogen peroxide dynamics in vegetative and pathogenic hyphae of fusarium graminearum [J]. Scientific Reports, 2015: 14980 – 14980.

[19] Neuenschwander U, Vernooij B, Friedrich L, et al. Is hydrogen peroxide a second messenger of salicylic acid in systemic acquired resistance [J]. Plant Journal, 1995, 8 (2):

227 - 233.

[20] Pettit F H, Pelley J W, Reed L J Regulation of pyruvate dehydrogenase kinase and phosphatase by acetyl - CoA/CoA and NADH/NAD ratios. Biochemical and biophysical research communications [J]. 1975, 65: 575 - 582.

[21] Rastogi A, Pospisil P. Production of hydrogen peroxide and hydroxyl radical in potato tuber during the necrotrophic phase of hemibiotrophic pathogen phytophthora infestans infection [J]. Journal of Photochemistry and Photobiology B - biology, 2012: 202 - 206.

[22] Seybold H, Trempel F, Ranf S, et al. Ca^{2+} signalling in plant immune response: from pattern recognition receptors to Ca^{2+} decoding mechanisms [J]. New Phytologist, 2014, 204 (4): 782 - 790.

[23] Song C, Steinebrunner I, Wang X, et al. Extracellular ATP induces the accumulation of superoxide via NADPH oxidases in *Arabidopsis* [J]. Plant Physiology, 2006, 140 (4): 1222 - 1232.

[24] Tanaka K, Gilroy S, Jones A M, et al. Extracellular ATP signaling in plants [J]. Trends in Cell Biology, 2010, 20 (10): 601 - 608.

[25] Thor K, Peiter E. Cytosolic calcium signals elicited by the pathogen - associated molecular pattern flg22 in stomatal guard cells are of an oscillatory nature [J]. New Phytologist, 2014, 204 (4): 873 - 881.

[26] Tilton W, Seaman C, Carriero D, et al. Regulation of glycolysis in the erythrocyte: role of the lactate/pyruvate and NAD/NADH ratios [J]. The Journal of laboratory and clinical medicine, 1991, 118: 146 - 152.

[27] Xia Y, Gao Q, Yu K, et al. An intact cuticle in distal tissues is essential for the induction of systemic acquired resistance in plants [J]. Cell Host & Microbe, 2009, 5 (2): 151 - 165.

[28] Yang Y, Zhao J, Liu P, et al. Glycerol - 3 - phosphate metabolism in wheat contributes to systemic acquired resistance against *Puccinia striiformis* f. sp. *tritici* [J]. PLOS ONE, 2013, 8 (11): 1 - 12.

[29] Zimmermann S, Nurnberger T, Frachisse J, et al. Receptor - mediated activation of a plant Ca^{2+} - permeable ion channel involved in pathogen defense [J]. Proceedings of the National Academy of Sciences of the United States of America, 1997, 94 (6): 2751 - 2755.

[30] Zou J, Wei F, Wang C, et al. Arabidopsis calcium - dependent protein kinase CPK10 functions in abscisic acid - and Ca^{2+} - mediated stomatal regulation in response to drought stress [J]. Plant Physiology, 2010, 154 (3): 1232 - 1243.

第十章 结论与启示

植物在生存过程中时刻都面临着复杂与严峻的生存环境，长期受到各种病原菌（真菌、细菌和病毒）的侵袭。植物经过长期协同进化也形成了一系列复杂的防御机制来适应外部生存环境。植物依赖于自身所存在的天然免疫系统，在病原菌侵染位点可产生过敏反应（Hypersensitive Response，HR），迸发系统性信号，使整个株植株均产生系统获得性抗性（Systemic Acquired Resistance，SAR）或诱导性系统抗性（Induced Systemic Resistance，ISR）（Dangl 和 Jones，2001；Ausubel，2005；Chisholm 等，2006）。研究表明，植物与动物之间在非我识别（nonself recognition）和病原的防御分子机理两个方面有着惊人地相似之处，也有很多异同。

植物抗性包括两种，一种是寄主抗性（host resistance），是指在病原物寄主范围内的植物对某种病原物的抗性（Gill 等，2015；Gandon 等，2002）。寄主抗性产生的机理是植物 *R* 基因编码的受体蛋白识别病原菌无毒基因（avirulence genes，*avr*）编码的激发子，从而引发植物体内一系列的抗病反应（Gururani 等，2012）。另一种是非寄主抗性，是指植物对大部分病原物产生抗性，对极少数的病原物感病的现象（Kang 等，2003；Nurnberger 和 Lipka，2005）。

第一节 拟南芥甘油激酶 *NHO*1 参与调控的非寄主抗性机制

本书以模式植物拟南芥与假单胞菌互作模式作为研究系统，采用分子生物学、生物化学、组织学、植物病理学、遗传学等多学科技术手段，从气孔、甘油代谢、糖类物质、糖运输载体 SWEETs 以及植物生理活性分子等几方面介绍了拟南芥甘油激酶（*NHO*1）参与调控的非寄主抗性机制。

一、气孔在 *NHO*1 基因介导的非寄主抗性抵制非寄主假单胞菌中没有发挥作用

拟南芥甘油激酶 *nho*1 突变体，由于甘油激酶的缺失，导致积累较高浓度的甘油，而高浓度的甘油可能进一步导致 *nho*1 突变体气孔的孔径大于野生型 Col－0，相应的气孔导度也高于野生型。假单胞菌 NPS3121 处理拟南芥气孔后，并没有引起气孔孔径大小的改变。说明气孔在 *NHO*1 基因介导的非寄主抗性抵制非寄主假单胞菌中没有发挥作用。

二、甘油与甘油操纵子调节拟南芥 *NHO*1 基因介导的非寄主抗性

甘油在拟南芥非寄主抗性中发挥了重要作用，补充外源甘油可导致野生型 Col－0 非寄主抗性降低，支持更多非寄主假单胞菌 NPS3121 生长。另外，甘油操纵子在调节假单胞菌的生长与发育中也起着重要作用。假单胞菌 NPS3121 甘油操纵子基因 Δ*GF* 缺失突变体与 Δ*GK* 缺失突变体在 M9 基本培养基和 KBM 丰富培养基中生长均受到抑制，生长速度均显著低于野生型。回复突变体可互补缺失突变体的表型；同时，这两个突变菌株在拟南芥叶片上的的侵染能力也受到了抑制；Δ*GR* 缺失突变体在 M9 基本培养基和 KBM 丰富培养基中生长速度显著高于野生型。回复突变体后可互补缺失突变体的表型。这些结果说明，修饰 NPS3121 甘油操纵子基因的表达，可影响拟南芥的非寄主抗性。

三、糖类物质在 *NHO*1 基因介导的非寄主抗性抵制非寄主假单胞菌中发挥作用

拟南芥甘油激酶基因（*NHO*1）的突变可导致 *nho*1 突变体中 G3P 的含量显著降低。G3P 参与植物的免疫反应，外源施加 G3P 可以增加拟南芥的非寄主抗性。G3P 还是一种活性物质，可以在细胞中穿梭，参与多种反应过程。因此，G3P 含量的降低可能进一步影响了 *nho*1 突变体细胞中糖类物质与有机酸的含量。同时，糖代谢和有机酸代谢相关基因表达量在 *nho*1 突变体中也低

于野生型 Col－0 植株中的水平。

四、SWEET 载体调节拟南芥 *NHO*1 基因介导的非寄主抗性

SWEETs 是新近发现的一类新型糖运输蛋白基因家族（Chen 等，2010；Chong 等，2014）。接种 NPS3121 后发现，*AtSWEET*4 和 *AtSWEET*12 在 6h 和 12h 后，表达显著上调，说明 NPS3121 可特异性激活这两个基因的表达，*SWEET*4 和 *SWEET*12 特异性地影响非寄主抗性。通过构建 *AtSWEET*4 基因的过表达与干扰载体，获得了拟南芥 *AtSWEET*4 基因过表达植株 OE4－4 与干扰植株 RNAi4－8。进一步的研究发现，修饰 *AtSWEET*4 基因的表达影响植株表型。干扰植株 RNAi4－8 生长缓慢，叶片发黄，特别是叶脉处更明显，叶绿素含量减少，而过表达植株 OE4－4 叶片颜色与野生型植株颜色一致，生长稍微比野生型快，生物量也相对比野生型高。

干扰植株 RNAi4－8 中葡萄糖与果糖含量显著降低，过表达植株 OE4－4 中葡萄糖与果糖含量显著增加。构建酵母双杂交载体，通过酵母的糖互补实验，证实 *AtSWEET*4 基因编码蛋白可运输葡萄糖和果糖。另外，过表达植株 OE4－4 与干扰表达植株 RNAi4－8 种子在不同糖浓度下的萌发速率也不同，干扰植株 RNAi4－8 种子表现出萌发迟缓的特性。在含糖类物质培养基上，过表达植株 OE4－4 与干扰表达植株 RNAi4－8 根的生长特性也不同，在含 6% 果糖 1/2 MS 培养基上过表达植株 OE4－4 反应最为显著，根的生长表现出强烈被抑制效果。

干扰植株 RNAi4－8 中相对电导率较野生型高，而过表达 OE4－4 植株相对电导率较野生型低。接着干旱胁迫处理拟南芥植株，发现干扰植株 RNAi4－8 对干旱胁迫更敏感，而过表达植株 OE4－4 则增强了对干旱的抵抗力。

利用拟南芥 $P_{AtSWEET4}$::*GUS* 转基因植株接种 NPS3121 发现，NPS3121 可诱导 *AtSWEET*4 基因的表达。接种 NPS3121 后，过表达植株 OE4－4 抗病性降低，相反，干扰植株 RNAi4－8 表现出抗病性增强的特性；接种 DC3000 后发现，不同植物材料之间对 DC3000 的反应没有差异。干扰植株 RNAi4－8 对 NPS3121 表现出了抗性增强的特征，其可能与 *AtSWEET*4 作为负调控基因有

关，因此调控拟南芥非寄主抗性，但对 DC3000 没有影响。另外，接种白粉霉结果显示，RNAi－8 对白粉霉不敏感，叶片上菌体数量较少；相反，OE4－4 对白粉霉超敏感，叶片上菌体数量显著增加。

GUS 染色结果表明，在拟南芥中 *AtSWEET*4 基因主要在维管组织表达。在拟南芥幼苗、根、叶片、花瓣、雄蕊中均有表达，在种子与雌蕊中没有表达。

亚细胞定位结果暗示作为糖运输载体，拟南芥 *AtSWEET*4 基因与其他糖运输载体基因一样，主要在细胞膜上表达。

五、植物活性分子参与调控拟南芥 *NHO*1 基因介导的非寄主抗性

甘油激酶的缺失，导致了甘油代谢途径中中间物质含量发生变化，如 G3P、ATP、NAD^{+}等。*nho*1、*gpdhc* 及 *nho*1/*gpdhc* 中 ATP 含量均高于野生型植株，*gpdhc* 突变体中含量最高。同样 *gpdhc* 中 ADP 含量也显著地高于野生型拟南芥植株。*nho*1 和 *gpdhc* 中 AMP 的含量显著高于野生型 Col－0。*AMPK*2（*AT*5*G*39790）基因编码一个 5′－AMP 激活的蛋白激酶，调节细胞内能量的内环境稳态（Zamilpa 和 Lindsey，2008），在 *nho*1 突变体中该基因表达水平显著高于 Col－0。

G3P 是一种活性物质，参与植物免疫反应的多个过程（Chanda 等，2011；Yang 等，2013）。外源施加 G3P 导致拟南芥的非寄主抗性增强，其中，3 个突变体的抗性水平均显著增加。另外，3 个突变体中 NADt 含量均高于野生型，NADH 含量也高于野生型。*gpdhc* 和 *nho*1/*gpdhc* 中 NAD＋含量也高于野生型。

在正常水平下，*nho*1 和 *nho*1/*gpdhc* 均产生较高浓度的 ROS。接种后，Col－0 与 *gpdhc* 中 ROS 含量表现出先增加后降低的趋势；而 *nho*1 与 *nho*1/*gpdhc*中 ROS 浓度变化趋势则相反，表现出一直降低的趋势。接种 DC3000 2h 后，*nho*1 突变体中较 Col－0 相比较，积累了低浓度的 ROS。

最后发现，*nho*1 突变体被 DC3000 侵染后，保卫细胞中钙离子浓度比野生型细胞中钙离子浓度高。RT－PCR 方法检测拟南芥保卫细胞中 *CDPK* 基因表达情况，发现在 *nho*1 突变体材料中，*CDPK*3、*CDPK*6、*CDPK*21 的表达量高于 Col－0。

第二节 启 示

本书采用分子生物学、生物化学、植物病理学、遗传学等多学科技术手段，明确了气孔、甘油、糖类物质以及相关生理活性物质在拟南芥 *NHO*1 基因调控的非寄主抗性机制中的作用。发现甘油、糖类物质及 G3P 等在甘油激酶 *NHO*1 基因介导的非寄主抗性中都起到了一定作用。但是具体的哪些物质，哪些机制起着主导作用，目前还不很清楚。另外，甘油代谢与糖类物质代谢之间的关系以及二者在拟南芥 *NHO*1 基因调控的非寄主抗性中的作用还需要进一步的明确。

虽然已明确 *AtSWEET*4 基因调控拟南芥的表型、生长发育、非生物胁迫以及抗性反应。推测 *AtSWEET*4 可能作为一种负调控因子参与调节拟南芥 *NHO*1 基因调控的非寄主抗性。但具体的调节机制还不明确，因此还需要从分子水平、生化水平等多方面、多水平阐述拟南芥 *AtSWEET*4 基因在非寄主抗性中的作用，以及与 *NHO*1 基因调控的非寄主抗性之间的关系。具体需要研究的方向包括以下几点。

一、植物细胞壁与维管组织在 *AtSWEET*4 基因调控的拟南芥非寄主抗性中的作用

非寄主病原菌侵染植物，使细胞中木质素与胼胝质在细胞壁处积累，导致细胞壁增厚加固，从而将病原菌阻止在细胞外（Luna 等，2011）。例如莴苣细胞接种 *P. syringae* pv. *phaseolicola* 后，导致细胞外围形成胼胝质积累的乳突结构（Vandemark 等，1992）。拟南芥接种非寄主菌 *P. syringae* pv. *glycinea* 、*P. syringae* pv. *phaseolicola* 后可上调木质素合成基因 *PAL*1 与 *BCB* 的表达（Huang 等，2010）。*AtSWEET*4 基因在调控拟南芥的非寄主抗性中是否引起细胞物理结构（如细胞壁形态结构以及组成成分）的变化还不确定。

植物组织表达分析显示，*AtSWEET*4 基因主要在维管组织中表达，而作为葡糖糖与果糖运输载体，AtSWEET4 蛋白参与韧皮部的装载，那么 *AtSWEET*4

基因表达的变化是否可引起拟南芥维管组织的变化以及是否对拟南芥非寄主抗性产生影响还不清楚。

二、病原菌 SemiSWEET 蛋白在病原菌致病反应中的作用

SWEETs 蛋白结构较保守，在原核细胞中由 3 次跨膜 α－螺旋（3－TM）构成；在真核细胞中由 7 次跨膜 α－螺旋（3－1－3TM）组成，包含 2 个重复的 3 次跨膜 α－螺旋（3－TM），从进化上来看，是由原核细胞中的结构复制 1 次而成，因此原核细胞的 SWEETs 又被命名为 SemiSWEETs（Feng 等，2015）。在功能上，慢生型大豆根瘤菌 SWEET1（BjSemiSWEET1）可以运输蔗糖（Feng 等，2015）；大肠杆菌 EcSemiSWEET1 也可运输蔗糖；LbSemi-SWEET 则可运输葡萄糖（Wang 等，2014）。但 SemiSWEET 在假单胞菌株中的生理作用还未知。

在病原菌与植物的互作中，病原菌可激活植物 *SWEET* 基因的表达，刺激植物分泌更多的糖类物质以满足自身生长需求。*OsSWEET*11 基因在水稻与白叶枯病菌的互作中被诱导，其诱导可能发生在被侵染的叶肉细胞周围，导致更多的蔗糖向维管束中运输，病原菌因获得营养而繁殖，从而使植株感病（Yuan 和 Wang，2013）。通过白叶枯病菌侵染后分泌的 *PthXo*1 转录激活因子（TAL）效应器激活转录。水稻中的 *OsSWEET*14 与 *OsSWEET*11 具有同源性，抑制 *OsSWEET*14 的表达可以提高水稻对白叶枯病菌的抗性（Hutin 等，2015）。OsSWEET14 在人体细胞以及卵母细胞中被证实具有向系胞外运输糖的功能。作为糖转运体，由Ⅲ型效应因子 AvrXa7 所诱导表达（Hutin 等，2015）。对于病原菌本身，例如假单胞菌，SemiSWEETs 在自身生理代谢反应以及致病性中的作用还未知。

三、*AtSWEET*4 基因调控拟南芥非寄主抗性信号转导途径

钙离子（Ca^{2+}）是细胞内的一种重要的信号分子，细胞内钙离子浓度的变化可诱导一系列的信号转导反应，并能引起寄主对病原菌的抗性（Chen 等，2015）。细胞内钙离子浓度的变化可影响植物的致病反应（Lecourieux 等，2006）。植物与病原菌互作的过程时，一般会伴随细胞内钙离子瞬变，激活钙

离子信号转导途径，诱导 ROS 与 NO 的产生，正调控早期引发的局部和系统性抗性（Shabala 等，2011）。消除钙离子信号后，则同时抑制了活性氧的积累，暗示氧化性释放产生的活性氧位于钙离子信号积累的下游（Seybold 等，2014）。

活性氧簇（ROS）的产生被认为是寄主识别外源病原菌入侵的最早反应（Lehmann 等，2015）。一氧化氮（NO）在植物免疫反应中发挥重要作用，并可导致寄主细胞的过敏坏死反应（Asai 等，2010）。在植物与病原菌的互作中，ROS 及 NO 被认为是第二信使，在外源病原菌或诱导物引起的植物抗病反应中起着重要的作用（Yoshioka 等，2009）。

目前认为水杨酸（SA）是激发植物获得抗性的重要信号分子，植物在受到多种病原菌侵染后都会大量积累 SA（Malamy 和 Klessig，1992）。SA 与局部抗性以及系统获得性抗病的形成密切相关，导致多种病程相关蛋白的表达，增强对病原菌侵染的抗性（Zhu 等，2014）。SA 作为信号分子，在与受体结合后，通过受体构型的变化激活细胞内相关酶的活性以及蛋白质的磷酸化，形成第二信使（Bernsdorff 等，2015）。SA 在植物抗病过程中与 ROS 以及钙离子均密切相关，因此，这些联系促使我们分析钙离子、ROS 及 SA 在 *AtSWEET4* 基因调控拟南芥非寄主抗性中的作用。

进行上述方面的研究，可进一步明确植物细胞壁与维管组织在 *AtSWEET4* 基因调控拟南芥非寄主抗性中的作用；确定 SemiSWEET 蛋白在病原菌生理代谢及致病反应中的作用。描述钙离子、活性氧及水杨酸信号传递在 *AtSWEET4* 基因调控拟南芥非寄主抗性中的作用。具体可采用下面的方法进行。

（一）探讨植物细胞壁与维管组织在 *AtSWEET4* 基因调控拟南芥非寄主抗性中的作用

可制备拟南芥野生型植株 Col－0、*AtSWEET4* 基因干扰植株 *RNAi4*－8、*AtSWEET4* 基因过表达植株 OE4－4 植株的茎部样品，于扫描电子显微镜下观察不同材料细胞壁厚度。采用拟南芥细胞壁组成聚合物微分析谱（Comprehensive microarray polymer profiling，CoMPP）方法（Huang 等，2016），检测 *AtSWEET4* 基因表达差异对细胞壁糖类物质组成的影响。

Wiesner（Phloroglucinol－HCl）染色（Mitra 和 Loque，2014）与 Maule 染色可定性分析细胞壁中木质素的含量。Wiesner 染色是利用间苯三酚与木质素结合呈现红色原理而被用来检测木质素含量的变化，特别是用来检测松柏醛衍生木质素；而 Maule 染色可将 G 行木质素染成棕色，而束间纤维可被染成深红色（Trabucco 等，2013）。

取 5 周大小拟南芥 Col－0、RNAi4－8、OE4－4 材料，制备茎部石蜡切片，滴加 1 滴 6 mol/L HCl 和一滴 1% 间苯三酚（95% 乙醇溶解），30s 后于显微镜下观察维管组织细胞壁 Wiesner 染色结果。同样制备拟南芥茎部石蜡切片，滴加 3 滴 $KMnO_4$，超纯水洗 5 次后，加 3 滴 10% HCl，超纯水洗 3 次，滴加 1 滴浓氨水，显微镜下观察维管组织细胞壁 Maule 染色结果。比较分析 Col－0、RNAi4－8、OE4－4 两种染色结果差异。进一步采用硫代酸酸解法，检测木质素中 G、S、H 组分的含量，分析木质素各组分在不同植物材料中含量的差异。采用实时荧光定量 PCR 方法分析木质素合成酶基因 *PAL*1 与 *BCB* 在不同材料中的表达差异。5 周大小拟南芥 Col－0、RNAi4－8、OE4－4 材料接种假单胞菌 *Ps. phaseolicola* NPS3121，分析不同植物材料，不同时间点（0h、6h、12h、24h）细胞壁厚度、木质素含量、木质素组分以及木质素合成基因的差异。

苯胺蓝染色用来鉴定细胞壁中胼胝质的积累。叶片叶绿素的脱色使用甲醇：丙酮＝3：1，采用 Bougourd 描述的方法进行苯胺蓝染色，拍照，计算照片中胼胝质积累的个数（Bougourd 等，2000）。

（二）探讨病原菌 SemiSWEET 蛋白在致病反应中的作用

近年来，微生物基因组计划已完成了对假单胞菌株 *phaseolicola* 1448A（*Pseudomonas syringae* pv. *phaseolicola* 1448A）和 *tomato* DC3000（*Pseudomonas syringae* pv. *tomato* DC3000）基因组的测序，其核酸资源及基因注释也成为公共资源（Joardar 等，2005；Xin 和 He，2013）。

可通过生物信息学方法分析拟南芥非寄主假单胞菌 *phaseolicola* 1448A 基因组数据，通过比对分析，预测 SemiSWEET 蛋白的结构特点。

可采用 CRISPR/Cas9 技术突变掉毒性假单胞菌 *Pst* DC3000 与非寄主假单胞菌 *Ps. phaseolicola* NPS3121 中的 *SemiSWEET* 基因，通过比较野生型菌株与突变型菌株在致病性与非寄主抗性中的表型，从而探讨病原菌 *SemiSWEET* 基因在病原菌致病反应中的作用。

（三）探讨拟南芥植株在致病反应及非寄主抗性过程中信号分子表现特征

1. 钙离子与钙离子依赖的蛋白激酶（calcium – dependent protein kinase，CDPK）在 *AtSWEET4* 基因调控拟南芥非寄主抗性中的作用。

可采用钙离子浓度敏感的荧光染料 fura – 2 渗透拟南芥 Col – 0、RNAi4 – 8、OE4 – 4 叶片材料，以此检测细胞内钙离子的浓度。将 2 ~ 3 片拟南芥叶片用适量蒸馏水在混匀器中以 20000rpm 混匀，每次 20s，共 2 次，收集叶片组织于预先装有 50μL 渗透液［50mmol/L KCl，50μmol/L $CaCl_2$，10mmol/L Mes – KOH，pH4.5，0.02%（W/V）pluronic F – 127，100μmol/L fura 2 pentapotassiun salt］。室温下，在黑暗中放置 2h，然后在 100 $\mu mol \cdot m^{-2} \cdot s^{-1}$ 光强度下放置 2h。然后将材料固定在载玻片上，用激光共聚焦显微镜观察细胞内荧光强度（Allen 等，1999）。

同时，也可采用经过改进的对钙离子浓度更敏感的 YC 3.6（yellow cameleon 3.6）荧光报告基因转化拟南芥 Col – 0、RNAi4 – 8、OE4 – 4，产生稳定的转化植株，然后接种毒性及非毒性病原菌，通过激光共聚焦显微镜对这些转基因植株在不同处理下细胞内钙离子检测，这样可以更精确的分析不同的病原菌引起的细胞内钙离子浓度的变化。

钙离子依赖的蛋白激酶（CDPK）是一类丝氨酸/苏氨酸蛋白激酶。该酶作用于钙离子信号传导的下端，并参与许多信号传导反应，功能丧失（loss – of – function）及功能获得（gain – of – function）性分析证明，特异的钙离子依赖蛋白激酶参与病原菌抗性的信号传导，在应答病原菌相关的刺激时，钙离子依赖的蛋白激酶能够增加活性氧簇（ROS）的产生。

为分析 CDPK 在 *AtSWEET4* 基因调控拟南芥非寄主抗性中的作用，可利用拟南芥 Col – 0、RNAi4 – 8、OE4 – 4 叶片材料，接种毒性及非毒性病原菌，分离总 RNA，并反转录成 cDNA。查阅拟南芥基因组中的 34 个 *CDPK* 序列，设计一系列的兼并引物与特异性引物。通过 RT – PCR 找出参与植物抗性的特异

性 *CDPK*。然后通过定量 PCR 的方法分析这些特异的 *CDPK* 基因在拟南芥不同材料中对不同病原菌的反应差异，进而详细分析这些 *CDPK* 基因在 *AtSWEET*4 基因调控拟南芥非寄主抗性中的作用。

2. 活性氧簇（Reactive Oxygen Species，ROS）及一氧化氮（Nitric Oxide，NO）在 *AtSWEET*4 基因调控拟南芥非寄主抗性中的作用。

可采用生长大约 5 周的拟南芥 Col－0、RNAi4－8、OE4－4 叶片为材料，用 ROS 特应性的荧光染料二氯荧光素双醋酸盐（2，7－dichlorodihydrofluorescin diacetate，H_2DCF－DA）染色，通过区别拟南芥 Col－0、RNAi4－8、OE4－4中荧光染料的深浅，表明拟南芥不同材料中的 ROS 含量不同。接种毒性及非毒性病原菌，分析不同拟南芥材料在对不同病原菌反应时染色的深浅，则可判断 ROS 在拟南芥侵染病原菌产生 ROS 量的差异。

一氧化氮（NO）是另外一种在抗病反应中起重要作用的信号分子，可利用拟南芥 Col－0、RNAi4－8、OE4－4 叶片，并用新的荧光染料 4，5 二氨基乙酰乙酸荧光素（4，5－Diaminoflurescein－2－diacetate，DAF－2 DA）染色，因为 DAF－2 DA 是一种实时指示剂，能被用来报告 NO 的实时产生及扩散，并且能用来测量正常生理条件下细胞中 NOS 合成酶（nitric oxide synthase）活性。通过用这两种特异性荧光染料作为指示剂，可以说明 NO 在拟南芥 Col－0、RNAi4－8、OE4－4 中的不同变化，探讨 NO 在 *AtSWEET*4 基因调控拟南芥非寄主抗性中的作用。

3. 水杨酸及其下游分子在 *AtSWEET*4 基因调控拟南芥非寄主抗性中的作用。

水杨酸是激发植物获得抗性的重要信号分子，植物在受到多种病原菌侵染后都会大量积累 SA。SA 与局部抗性与系统获得性抗病的形成密切相关，导致许多病程相关蛋白的表达，对病原菌侵染的抗性也相应增加。

可对拟南芥 Col－0、RNAi4－8、OE4－4 接种毒性及非毒性病原菌，采用高效液相色谱法（HPLC）测定植物叶片中总的水杨酸以及游离水杨酸，选用对甲氧基苯甲酸（anisic acid）作为内标（Song 等，2004）。

水杨酸是启动水杨酸信号转导下游的重要信号分子。在拟南芥与烟草中，水杨酸含量的提高以及病程相关蛋白基因（pathogenesis－related proteins，PR）的表达升高是植物产生系统获得抗病重要指标。当植物受到病原菌侵染或受其他刺激后引发植物体内一系列信号响应，植物体内水杨酸含量提高，病程相关基因非表达子1（NPR1）蛋白由多聚体变为单体，从胞质进入细胞核当中，与TGAs结合调节下游*PR*基因的表达，提高植物的抗病性。可采用荧光定量PCR方法，检测拟南芥Col－0、RNAi4－8、OE4－4接种毒性及非毒性病原菌后，确定*PR*1、*PR*2、*PR*5以及*PR*10表达的变化。

参考文献

[1] Asai S, Mase K, Yoshioka H, et al. Role of nitric oxide and reactive oxide species in disease resistance to necrotrophic pathogens [J]. Plant Signaling & Behavior, 2010, 5 (7): 872－874.

[2] Ausubel F M. Are innate immune signaling pathways in plants and animals conserved? [J]. Nature Immunol, 2005, 6: 973 － 979.

[3] Bernsdorff F, Doring A, Gruner K, et al. Pipecolic acid orchestrates plant systemic acquired resistance and defense priming via salicylic acid－dependent and independent pathways [J]. The Plant Cell, 2015, 28 (1): 102－129.

[4] Bougourd S, Marrison J, Haseloff J, et al. An aniline blue staining procedure for confocal microscopy and 3D imaging of normal and perturbed cellular phenotypes in mature *Arabidopsis* embryos [J]. Plant Journal, 2000, 24 (4): 543－550.

[5] Chanda B, Xia Y, Mandal M K, et al. Glycerol－3－phosphate is a critical mobile inducer of systemic immunity in plants [J]. Nature Genetics, 2011, 43 (5): 421－427.

[6] Chen J, Gutjahr C, Bleckmann A, et al. Calcium signaling during reproduction and biotrophic fungal interactions in plants [J]. Molecular Plant, 2015, 8 (4): 595－611.

[7] Chen L Q, Hou B H, Lalonde S, et al. Sugar transporters for intercellular exchange and nutrition of pathogens [J]. Nature, 2010, 468 (7323): 527－532.

[8] Chisholm S T, Coaker G, Day B, et al. Host microbe interactions: shaping the evolution of the plant immune response [J]. Cell, 2006, 124: 803 － 814.

[9] Chong J, Piron M, Meyer S, et al. The SWEET family of sugar transporters in grapevine: *VvSWEET*4 is involved in the interaction with *Botrytis cinere*a [J]. Journal of Experimental Botany, 2014, 65 (22): 6589－6601.

[10] Dangl J L, Jones J D G, Plant pathogens and integrated defense responses to infection [J]. Nature, 2001, 411: 826 － 833.

[11] Feng L, Frommer W B. Structure and function of SemiSWEET and SWEET sugar transporters [J]. Trends in Biochemical Sciences, 2015, 40 (8): 480 – 486.

[12] Gandon S, Van Baalen M, Jansen V A, et al. The evolution of parasite virulence, superinfection, and host resistance [J]. The American Naturalist, 2002, 159 (6): 658 – 669.

[13] Gill U S, Lee S, Mysore K S, et al. Host versus nonhost resistance: distinct wars with similar arsenals [J]. Phytopathology, 2015, 105 (5): 580 – 587.

[14] Gururani M A, Venkatesh J, Upadhyaya C P, et al. Plant disease resistance genes: Current status and future directions [J]. Physiological and Molecular Plant Pathology, 2012, 78: 51 – 65.

[15] Huang J, Gu M, Lai Z, et al. Functional analysis of the *Arabidopsis* PAL gene family in plant growth, development, and response to environmental stress [J]. Plant Physiology, 2010, 153 (4): 1526 – 1538.

[16] Huang Y, Willats W G, Lange L, et al. High – throughput microarray mapping of cell wall polymers in roots and tubers during the viscosity reducing process [J]. Biotechnology and Applied Biochemistry, 2016, 63 (2): 178 – 189.

[17] Hutin M, Sabot F, Ghesquiere A, et al. A knowledge – based molecular screen uncovers a broad – spectrum *OsSWEET*14 resistance allele to bacterial blight from wild rice [J]. Plant Journal, 2015, 84 (4): 694 – 703.

[18] Joardar V, Lindeberg M, Jackson R W, et al. Whole – genome sequence analysis of *Pseudomonas syringae* pv. *phaseolicola* 1448A reveals divergence among pathovars in genes involved in virulence and transposition [J]. Journal of Bacteriology, 2005, 187 (18): 6488 – 6498.

[19] Kang L, LI J, Zhao T, et al. Interplay of the Arabidopsis nonhost resistance gene *NHO*1 with bacterial virulence [J]. Proceedings of the National Academy of Sciences, 2003, 100: 3519 – 3524.

[20] Lecourieux D, Ranjeva R, Pugin A, et al. Calcium in plant defence – signalling pathways [J]. New Phytologist, 2006, 171 (2): 249 – 269.

[21] Lehmann S, Serrano M, Haridon F L, et al. Reactive oxygen species and plant resistance to fungal pathogens [J]. Phytochemistry, 2015: 54 – 62.

[22] Luna E, Pastor V, Robert J, et al. Callose deposition: a multifaceted plant defense response [J]. Molecular Plant – microbe Interactions, 2011, 24 (2): 183 – 193.

[23] Malamy J, Klessig D F. Salicylic acid and plant disease resistance [J]. Plant Journal,

1992, 2 (5): 643 – 654.

[24] Mitra P, Loque D. Histochemical staining of *Arabidopsis thaliana* secondary cell wall elements [J]. Journal of Visualized Experiments, 2014, 87: e51381.

[25] Nurnberger T, Lipka V. Non – host resistance in plants: new insights into an old phenomenon [J]. Molecular Plant Pathology, 2005, 6 (3): 335 – 345.

[26] Seybold H, Trempel F, Ranf S, et al. Ca^{2+} signalling in plant immune response: from pattern recognition receptors to Ca^{2+} decoding mechanisms [J]. New Phytologist, 2014, 204 (4): 782 – 790.

[27] Shabala S, Baekgaard L, Shabala L, et al. Plasma membrane Ca^{2+} transporters mediate virus – induced acquired resistance to oxidative stress [J]. Plant Cell and Environment, 2011, 34 (3): 406 – 417.

[28] Trabucco G M, Matos D A, Lee S J, et al. Functional characterization of cinnamyl alcohol dehydrogenase and caffeic acid O – methyltransferase in *Brachypodium distachyon* [J]. BMC Biotechnology, 2013, 13 (1): 61 – 61.

[29] Vandemark G J, Stanghellini M E, Rasmussen S L, et al. Inheritance of resistance in *lettuce* to Plasmopara lactucae – radicis [J]. Phytopathology, 1992, 82 (3): 272 – 274.

[30] Wang J, Yan C, Li Y, et al. Crystal structure of a bacterial homologue of SWEET transporters [J]. Cell Research, 2014, 24 (12): 1486 – 1489.

[31] Xin X F, He S Y. *Pseudomonas syringae* pv. *tomato* DC3000: A model pathogen for probing disease susceptibility and hormone signaling in plants [J]. Annual Review of Phytopathology, 2013, 51 (1): 473 – 498.

[32] Yang Y, Zhao J, Liu P, et al. Glycerol – 3 – phosphate metabolism in wheat contributes to systemic acquired resistance against *Puccinia striiformis* f. sp. *tritici* [J]. PLOS ONE, 2013, 8 (11): 1 – 12.

[33] Yoshioka H, Asai S, Yoshioka M, et al. Molecular mechanisms of generation for nitric oxide and reactive oxygen species, and role of the radical burst in plant immunity [J]. Molecules and Cells, 2009, 28 (4): 321 – 329.

[34] Yuan M, Wang S. Rice MtN3/Saliva/SWEET mamily genes and their homologs in cellular organisms [J]. Molecular Plant, 2013, 6 (3): 665 – 674.

[35] Zamilpa R, Lindsey M L. AMP activated protein kinase 2 protection during hypertension – induced hypertrophy a common mediator in the signaling crossroads [J]. Hypertension, 2008, 52 (5): 813 – 815.

[36] Zhu F, Xi D, Yuan S, et al. Salicylic acid and jasmonic acid are essential for systemic resistance against tobacco mosaic virus in *Nicotiana benthamiana* [J]. Molecular Plant - microbe Interactions, 2014, 27 (6): 567 - 577.

附录1 缩略词对照表

缩略词	中文名	英文名
bp	碱基对	Base Pair
cDNA	互补脱氧核糖核酸	Complementary deoxyribonucleic acid
CTAB	溴代十六烷基三甲胺	Cetyltrimethyl Ammonium Bromide
ddH_2O	双重蒸馏水	Double Distilled Water
DEPC	焦碳酸二乙酸	Diethyl pyrocarbonate
DNA	脱氧核糖核酸	Deoxyribonucleic acid
EB	溴化乙啶	Ethidium Bromide
EDTA	乙二胺四乙酸钠盐	Disodium ethylenediamine tetraacete
g	克	Gram
h	小时	Hour
LB	细菌培养基	Luria – Bertani Medium
mg	毫克	Milligram
min	分钟	Minute
mL	毫升	Millilitre
NCBI	美国生物技术信息中心	National Center for Biotechnology Information
ORF	开放阅读框	Open reading frame
PCR	聚合酶链式反应	Polymerase chain reaction
RNA	核糖核酸	Ribonucleic Acid
rpm	每分钟转速	Revolutions per minute
RT	反转录	Reverse transcription
sec	秒	Second
Tris	三羟甲基氨基甲烷	hydroxymethyl aminonethane
U	单位	Unit
μg	微克	Microgram
μL	微升	Microlitre
X – gal	5 – 溴 – 4 – 氯 – 3 – 异丙基 – β – D – 半乳糖苷	5 – bromo – 4 – chloro – 3 – indolyl – beta – D – galacto-pyranoside

附录 2 表达载体 pBI121 及 pFGC5941 图谱

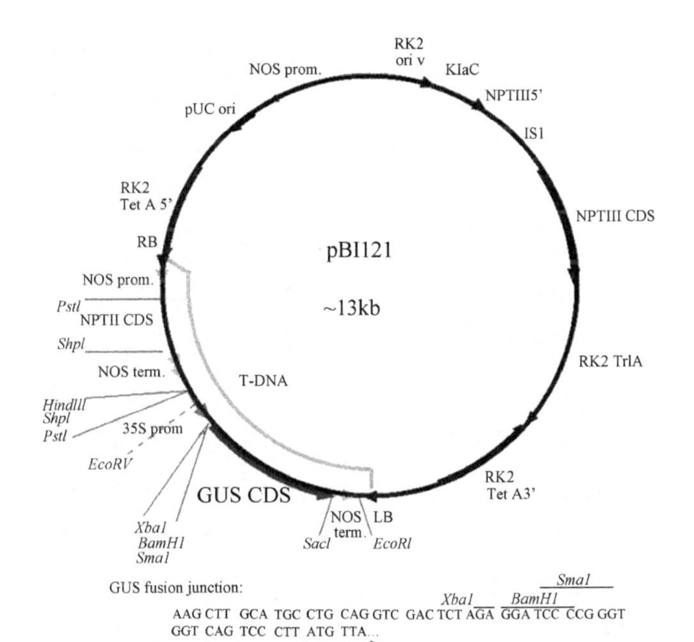

植物表达载体 pBI121

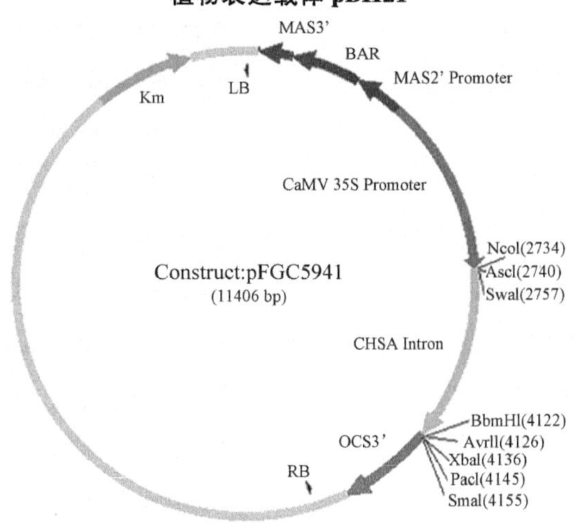

植物表达载体 pFGC5941

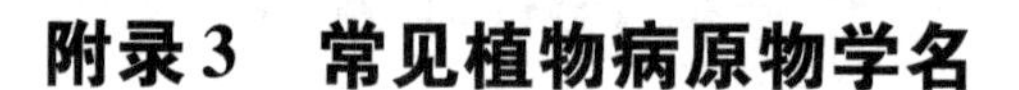

附录3 常见植物病原物学名

Achlya 绵霉属
Albugo 白锈属
Anguina 粒线虫属
Ascochyta 壳二孢属
Bacillus 芽孢杆菌属
Blumeria 布氏白粉菌属
Bremia 盘梗霉属
Bursaphelenchus 伞滑刃线虫
Cercospora 尾孢霉属
Claviceps 麦角菌属
Colletotrichum 炭疽菌属
Curvularia 弯孢属
Ditylenchus 茎线虫属
Erwinia 欧文氏菌属
Exobasidium 外胆子菌属
Fusarium 镰孢属
Gibberella 赤霉属
Gymnosporangium 胶锈菌属
Leptosphaeria 小球腔菌
Loranthus 桑寄生属
Meliola 小煤炱属
Melampsora 栅锈菌属
Macrophoma 大茎点霉属
Mucor 毛霉属
Nectria 丛赤壳属
Agrobacterium 土壤杆菌属
Alternaria 链格孢属
Aphelenchoides 滑刃线虫属
Aspergillus 曲霉属
Bipolaris 离蠕孢属
Botrytis 葡萄孢属
Burkholderia 布克氏菌属
Ceratocystis 长喙壳属
Clavibacter 棒形杆菌属
Cochliobolus 旋孢腔菌属
Cuscuta 菟丝子属
Diplodia 色二孢属
Drechslera 德氏霉属
Erysiphe 白粉菌属
Exserohilum 凸脐孢属
Gaeumannomyces 顶囊壳属
Globodera 球皮线虫属
Heterodera 异皮线虫属
Longidorus 长针线虫属
Macrophomina 壳球孢属
Massonina 盘二孢属
Meloidogyne 根结线虫属
Monilia 丛梗孢属
Mycosphaerella 球腔菌属
Neovossia 尾孢黑粉菌属

Oidium 粉孢属

Peronosclerospora 霜指霉属

Phoma 茎点霉属

Physoderma 节壶菌属

Phytoplasma 植原体属

Plasmopara 单轴霉属

Pseudomonas 假单胞属

Puccinia 柄锈菌属

Pythium 腐霉属

Ralstonia 劳尔氏菌属

Rathayibacter 拉塞氏杆菌属

Saprolegnia 水霉属

Sclerospora 指梗霉属

Sclerotium 小菌核属

Sphacelotheca 轴黑粉菌属

Striga 独脚金属

Tilletia 腥黑粉菌属

Uncinula 钩丝壳属

Urocystis 条黑粉菌属

Valsa 黑腐皮壳属

Verticillium 轮枝菌属

Viscum 槲寄生属

Xiphinema 剑线虫属

Orobanche 列当属

Peronospora 霜霉属

Phyllosticta 叶点霉属

Phytophthora 疫霉属

Plasmodiophora 根肿菌属

Pratylenchus 短体线虫属

Pseudoperonospora 假霜霉属

Pyricularia 梨孢属

Radophorus 穿孔线虫属

Ramularia 柱隔孢属

Rhizoctonia 丝核菌属

Sclerophthora 指疫霉属

Sclerotinia 核盘菌属

Septoria 壳针孢属

Spiroplasma 螺原体属

Taphrina 外囊菌属

Trichodorus 毛刺线虫属

Uromyces 单孢锈菌属

Ustilago 黑粉菌属

Venturia 黑星菌属

Viroid 类病毒

Xanthomonas 黄单胞菌属

Xylella 木质部小菌属

附录4 名词术语

半寄生（hemiparasite）：寄生性植物从寄主体内吸收水分和无机盐的寄生方式。

避病性（avoidance）：植物在感病阶段因时间或空间隔离没有与病原物接触或者极少接触而不发病或发病轻的现象。

变种（variety）：同种病原物的不同群体在形态上略有差异，表现在对不同科、属的寄主植物的寄生性不同。

病害循环（disease cycle）：又称作侵染循环（infection cycle），一种病害从寄主的前一个生长季节开始发病，到下一个生长季节再度发病的过程。

病程（pathogenesis）：从病原物到寄主植物的侵染部位接触，侵入寄主植物后在其体内定殖和扩展，发生致病作用，到寄主表现出症状，又称侵染过程。

病状（disease symptom）：植物得病后本身所表现的病态。

病征（sign）：病原物在植物病部表现出的特征性结构体。

病因（etiology）：导致植物发生病害的原因称为病因。包括生物因子与非生物因子两类。

病原物（pathogen）：引起植物发病的生物因子。

病害三角（disease triangle）：植物病害系统中包含寄主植物、病原物以及环境三个因素的相互作用，称为“病害三角关系”，简称“病害三角”。

初侵染（primary infection）：病原物在植物生长季节中首次引起寄主发病的侵染过程。

单循环病害（monocyclic disease）：在一个生长季节中，只有初侵染而无再侵染的病害。

担子果（basidiocarp）：高等担子菌的担子着生在具有高度组织化的结构上形成子实层，这种担子菌的产孢结构叫担子果。常见于各种蘑菇、木耳、银耳、灵芝等。

毒力（virulence）：病原物对寄主植物的一定种或品种的相对致病能力，也被称为毒性。

毒素（toxin）：病原物代谢过程中产生的、在较低浓度范围内就能干扰植物正常生理活动，从而造成毒害的非酶类、非激素类化合物。

钝化温度（thermal inactivation point）：将有病组织汁液处理10min使病毒丧失活性的最低温度，用摄氏度表示。

多分体病毒（multicomponent virus）：含多组分基因组的病毒被称为多分体病毒。多分体现象为植物病毒所特有。

多型现象（polymorphism）：有些真菌在整个生活史中可以产生2种或2种以上的孢子。

多循环病害（polycyclic disease）：在一个生长季节中，可以发生多次再侵染的病害。

非寄主抗性（non－host resistance）：是指植物对大部分病原物产生抗性，对极少数的病原物感病的现象。

非侵染性病害（non－infection disease）：由植物自身及非生物因素引起的植物病害。

分体产果（eucarpic）：高等真菌繁殖时，营养体部分转为繁殖体时叫分体产果。

非专性寄生物（non－obigate parasite）：既可以寄生于活的寄主植物，也可以在死的有机体以及各种营养基质上生存的病原物。

腐生物（saprophyte）：以无生命的有机物质作为营养来源的生物，又被称为死体营养物。

附着胞（appressorimu）：植物病原真菌孢子萌发形成的菌丝或芽管顶端的膨大部分，利于附着或侵入寄生。

感病（susceptible）：寄主植物受病原物侵染后发病较重的现象。

革兰氏染色（gram staining）：细菌制成涂片后，结晶紫进行染色，然后碘液处理，接着95%酒精进行洗脱，如果不能脱色，则为革兰氏阳性菌（G^+），若能脱色则为革兰氏阴性菌（G^-）。

过敏性坏死反应（hypersensitive reaction，HR）：植物对非亲和性病原

物侵染表现高度敏感，此时受侵细胞及其邻近细胞迅速坏死，病原物受到遏制或被杀死，或被封锁在枯死组织中。

基因对基因假说（gene－for－gene hypothesis）：对应于寄主方面的每一个决定抗性的基因，病原菌方面也存在一个与之对应的致病性基因。

寄生物（parasite）：直接在其他活的生物体上获取营养物质的生物。

寄生专化性（parasitical specialization）：指病原物不同类群对寄主植物的一定科、属、种的寄主选择性。有时也被称为致病性分化。

寄主抗性（host resistance）：是指在病原物寄主范围内的植物对某种病原物的抗性。寄主抗性产生的机理是：植物 *R* 基因编码的受体蛋白识别病原菌无毒基因（avirulence genes，*avr*）编码的激发子，从而引发植物体内一系列的抗病反应。

菌物的生活史（life cycle）：真菌孢子经过萌发、生长以及发育，最后产生同一种孢子的整个过程。包括无性繁殖与有性繁殖两个阶段。

交互保护作用（cross protection）：当寄主植物接种弱毒株系后，再第二次接种同一种病毒的强毒株系，则寄主抵抗强毒株系，症状减轻，病毒复制受到抑制。

拮抗现象（antagonism）：有时这两种症状在同一部位或同一器官上出现，就可能彼此发生干扰，即只出现一种症状或很轻的症状。

局部侵染（local infection）：病原物仅在侵染点周围的小范围内扩展的侵染现象。

喷菌现象（bacteria exudation）：在徒手切片中看到有大量细菌从病部喷出的现象。为细菌病害所特有，是区分细菌病害和其他病害的最简便的手段之一。

侵染性病害（infection disease）：病原生物侵染植物引起的病害。侵染性病害可反复在寄主植株或器官之间传染，也成为传染性病害。

生理小种（physiological race）：指在种内或变种内或专化型内，在形态上没有差异，但生理特性（培养性状、生理生化、病理、致病力或其他特性）有差异的生物型或生物型群。

生物防治（biological control）：利用有益生物拮抗，破坏病原物或/和利用有益生物促进作物生长，提高作物的抗病能力，从而控制病害的措施。

同宗配合（homothallism）：单个菌株生出的雌雄性器官能交配，自身亲合，如卵菌。

物理防治（physical control）：利用物理方法清除、抑制或杀死病原物，达到控制植物病害的方法。

吸器（haustorium）：寄生菌物，特别是专性寄生的菌物，其进入寄主细胞的菌丝形成简单的或者有分枝的突出结构，具有吸收器官的功能。

异宗配合（heterothallism）：同一菌株上生出的雌雄性器官不能交配，必须和另一有亲和力菌株上的才能交配，担子菌以此为主（接合、子囊两种方式都有）。

隐症现象（masking of symptom）：是症状变化的一种类型。一种病害的症状出现后，由于环境条件的改变，或者使用农药治疗后，原有症状逐渐减退直至消失。一旦环境条件恢复或农药作用消失后，植物症状又可重新出现。

诱发抗病性（induced resistance）：植物的抗再次浸染特性则通称为诱发抗病性。

再侵染（reinfection）：受到初次侵染的植物发病后产生的孢子或其他繁殖体传播后引起的侵染及其以后的反复侵染。

植保素（phytoalexin）：植物受到病原物侵染或者非生物因子刺激后产生和积累的，具有抑菌作用的非酶类小分子化合物。

植物病害（plant disease）：植物受到病原生物的侵染或者不良环境条件的持续干扰，其正常的生理功能受到严重影响，在生理及外观表现异常，最终表现为产量下降，品质低劣，甚至死亡的现象。

致病变种（pathovar，pv.）：细菌“种”以下的分类单元名称，主要以寄主范围和致病能力的差异为划分依据。

致病性（pathogenicity）：病原物所具有的破坏寄主和引起病害的能力。

专化型（forma speciali，f. sp.）：种内或变种内致病力不同，孢子形态上没有差异的类型。

专性寄生物（obligate parasite）：在自然条件下只能从活的细胞中获取营养物质的生物。

整体产果（holocarpic）：低等真菌繁殖时，营养体全部转为繁殖体时叫整体产果。

综合防治（integrated control）：从农业生产的全局和农业生态系的总体观念出发，根据有害生物和环境之间的相互关系，充分发挥自然控制因素的作用，因地制宜地协调应用生物、物理、化学等必要措施，将有害生物控制在经济损害允许水平之下，以获得最佳的经济、生态和社会效益。同时把防治过程中可能产生的有害副作用减少到最低限度。

子实体（fruitbody 或 fruitting body）：真菌的产孢机构无论是无性繁殖或有性繁殖均叫子实体。